绿色创新系列丛书

使能

人工智能驱动经济高质量增长

隋越 杨学成 著

電子工業出版社
Publishing House of Electronics Industry
北京·BEIJING

图书在版编目（CIP）数据
使能 ： 人工智能驱动经济高质量增长 / 隋越， 杨学成著． -- 北京 ： 电子工业出版社， 2024． 1． --（绿色创新系列丛书）． -- ISBN 978-7-121-48420-9
Ⅰ． TP18；F124.1
中国国家版本馆 CIP 数据核字第 2024ZP4433 号

责任编辑：胡　南　赵诗文
印　　刷：三河市鑫金马印装有限公司
装　　订：三河市鑫金马印装有限公司
出版发行：电子工业出版社
北京市海淀区万寿路173信箱　　邮编：100036
开　　本：720×1000　1/16　印张：16　字数：220.8 千字
版　　次：2024 年 1 月第 1 版
印　　次：2024 年 1 月第 1 次印刷
定　　价：88.00元

凡所购买电子工业出版社图书有缺损问题，请向购买书店调换。若书店售缺，请与本社发行部联系，联系及邮购电话：（010）88254888，88258888。
质量投诉请发邮件至 zlts@phei.com.cn，盗版侵权举报请发邮件至 dbqq@phei.com.cn。
本书咨询联系方式：010-88254210，influence@phei.com.cn，微信号：yingxianglibook。

目录

第一部分

基础篇

第二部分

企业篇

第三部分

产业篇

第 一 部 分

基础篇

第 一 章
因智而化

第一节　从电能到智能

在当今时代，电能作为一种能有效提升每个人生活质量的基础性能源，早已成为我们生活中不可或缺的一部分，人类已经无法想象没有电的生活。在人类的历史中虽早有对电的记载，但人类从发现到能够使用电却经历了漫长的岁月。17世纪初，随着自然科学的发展，电的性能得到了更深入的研究。迈克尔·法拉第（Michael Faraday）通过磁铁与线圈实验发现电磁感应（Electromagnetic induction）现象，并造出了最早的发电机。1866年，西门子公司制造出第一台工业直流发电机，极大地推动了用电技术的发展。在19世纪中期，灯泡、录像机等电器的出现让电流技术更加成熟。特斯拉发明并推广了交流电，实现了电能的远地高压传输，极大地提高了电能的输送效率。自此以后，电流流进了千家万户中，电器的数目和种类也日益增多，电视机、电脑等新的电器产品应运而生。电能的使用也解放了大量的体力劳动力和脑力劳动力，有效提高了生产效率与生活质量。如今，各式各样的电器已经成为我们生活和工作中不可或缺的工具。

20世纪末，互联网和传感器技术的迅速发展赋予了电器新的要素——信息。接入互联网的电器所产生的信息能够在人与人、人与物、物与物之间进行流动，自此电器成为信息的载体并进化为“网器”。根据市场调研公司IDC的预测，2020—2025年中国物联网（Internet of Things）IP连接量年复合增速可达17.8%，到2025年总连接量将达到102.7亿。技术的创新正在推动整个信息产业进入更加令人兴奋的时代，网络“高速公路”越来越宽广，处理器性能和存储容量的提升进一步提高了智能终端的性能，光线、声音、重力、距离、温度等各类传感器的加入，让这些终端具备听觉、视觉、触觉，从而使网器进化为“智器”，向人们提供超乎想象的服务。

为了更好地理解智能的内涵，我们先回顾一下电能是如何发展至今的。其中电能的转化生产、远程传输及精确测量是电能得以全面普及的三个关键因素。

首先，电能的产生是转化的结果。电能不是自然资源，也不是天然存在的，需要从已有的资源中进行人为的加工和创造。而且，电能的来源是广泛的、多元化的，有风、煤等，但这些原料最后都能转化成标准化的能量——电能。在古代，人们已经开始利用水力来完成一些基本工作，虽然不同于现代的发电方式，但这也可以看作一种形式的水力“发电”。在古罗马时代，水轮被广泛用于驱动磨坊和提取地下水。水轮的原理是通过水流的动能来转动机械，从而完成工作。在中国，水轮也被用于推动水车，将水从低处抽升至高处并灌溉农田。虽然利用水力节省了许多人力物力，但是对水的利用还是会受到地理位置和气候条件等因素的影响。在近代，核能发电已成为一种主要的电能生产方式。核能发电的基本原理是利用核裂变或核聚变反应来释放巨大的能量，然后将这种能量转化为电能。核裂变通过分裂重核来释放能量，而核聚变则通过将轻核聚合在一起释放能量。核能发电厂通常采用核裂变反应发电，如利用铀或钚的裂变，产生高温和高压的蒸汽，然后使用蒸汽驱动涡轮发电机来产生电能。这种方式的优势在于产生的能量巨大且稳定，但也伴随着核废料管理和核安全等一系列挑战和风险。

总的来说，古代水力发电是水力资源的基本应用，而近代核能发电则是一种高效且复杂的能源转化方式，为现代社会提供了大量电力。

对电能进行转化在人类的历史进程中具有里程碑式的意义。它不仅使得能量摆脱了物质的束缚，也为电能的流动奠定了基础。

其次，便捷的远距离传输是电能摆脱空间地域限制迅速普及的关键。经过转化的电能可以不像传统能源一样受到限制，由于没有载重，电能比煤和石油更容易传输。相比石油管道，电网的管道更细，施工复杂度更低，传输的能量却“一点儿都不少”。

假设有一家位于市中心的大型发电厂，该发电厂使用燃煤发电技术发电。这里电能的转换是通过机械能（涡轮的旋转）和电磁感应现象实现的。一旦电能在发电厂产生，就会被送入一个变压器，变压器将电压升高以减少电阻损耗。之后电能通过高压输电线路从发电厂传输到城市的次级变电站。在城市的次级变电站，电能经过另一个变压器，使电压降低到可用于家庭、工业和商业用途的水平，最后通过地下或架空电缆网络传输到各个家庭和企业。在这些地方，电能经过电表测量，以确保用户按照消耗的电量付费。这种无载重的传输通常不会依赖于人的参与，人们可以轻而易举地将电能输送到世界各地。电能的远端传输包含了“变电—配电”过程，发电厂产生的电能经过变电的调频可以传输得更远，在末端再次通过变电将电压降低，使其符合家庭、工厂、特大型商场等场所的用电标准。配电环节是向电力系统中的用户分配电能。电能的无载重属性，提高了电能的传输速度与传输长度。输电过程会把相距较远的发电厂和负荷中心联系起来，使电能的开发和利用脱离地域的限制。相比于输煤、输油等传统的能源运输，电能输送损耗低，效益高，并且灵活方便，易于调控。

最后，电能在不断普及的过程中逐步成为重要的公共服务内容，电力需求量和使用人数的不断增长促使电力公司需要使用工具对电力进行精准的检测，从而更好地进行电力计费和规划，由此产生了电表——电表的出现让电能得到精确计量，是电能融入经济活动的关键。1880年，爱迪生利用电解原理发明了直流电表，10年后德国人布勒泰发明了感应式电表，经过改进的电表得以商用与普及。1960年日本科学家衫山桌发明电子式电表，实现了全电子化的电能测量。随后出现的机电一体式电表实现了多功能、高精度及自动抄表等功能，电表开始出现多个接口。在现有的智能电网建设时期，电表更加多功能化与智能化，测量电力的电表和控制电力的开关比控制汽油的喷油嘴和油门系统更加简单和精确。当前，我国电网的智能电表能够保证在非计量功能和其他系统软件升级、故障等情况下独立运行，且数据可追溯，确保了计量的准确度和稳定性。

综上所述，电能的生产与传输离不开发电站、电网、输变电站、电力线等一系列设施与设备，电能的普及得益于集中式发电、网络化输电、分散式用电的电力调度方式。电能完成空间布局之后，就实现了全天候伺服型的能源供给，无论白天黑夜，电能永远在你身边！

电能产生并促进智能。同样作为一种“能”，借鉴电的发展历程，让我们来回顾一下智能的产生和使用（见图1-1）。

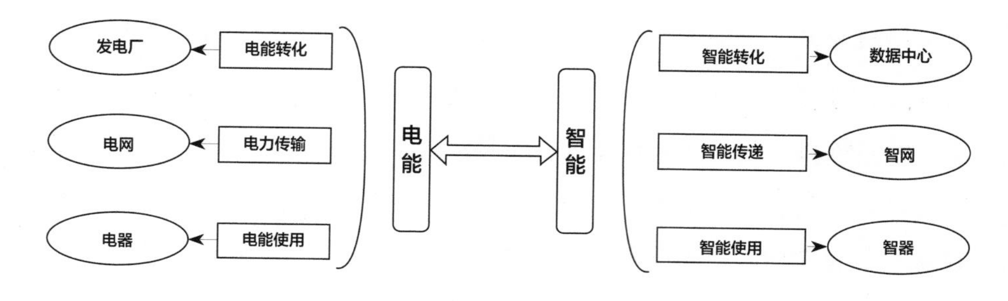

图 1-1　电能智能对比图

首先，与电能相似，智能也是一种转化能，它输入数据后，通过智能算法的计算，输出的就是智能。这一过程相当于把数据进行加工计算，经过计算的数据将成为智能的重要组成部分，且只有建立关联的数据才是有意义的数据。那么数据要如何汇聚起来呢？答案是：利用数据中心。数据中心是一种特定的设备网络，用来在网络基础设施中进行数据的存储、计算、展示、传递。与电厂的集中发电一样，数据中心也是通过数据的汇聚与计算集中产出“智能”，大量的网络数据被集中收集、存储在数据中心平台。从数据源开始，数据中心可以利用表格模型、算法模型、业务模型等对数据集合进行计算，产出数据产品、专项分析、运营策略、风险分析结果，这些结果都是智能的表现形式。当前数据中心能够提供无缝的数据备份及数据恢复，支撑云存储等各类服务事项，已经为多个行业提供智能服务和业务支持。数据中心作为能够集中产生智能的关键形式及为企业提升竞争力和运营效率的工具，目前已经变成现代基础设施和企业生产的重要部分。

其次，通过建设智网来输送智能。数据中心和算力中心如同发电站，将智能源源不断地生产出来，而要将这些智能输送到千家万户，就需要智网。智网相比于电网来讲，需要更高级别的交互性，具备双向传输能力的光纤网络或者无线传输网络就是未来的智网。电网通过高压电线等线路将发电中心的电力传输到各个城市，电化每个家庭；而智网则通过光纤网络将计算中心、数据中心的算力传递到各个城市，智化每个家庭。如果说无线网络是连接终端设备的毛细血管，那么固定网络就是在各个地区、城市之间传递智能的大动脉。2022年2月，在京津冀、长三角、粤港澳大湾区、成渝、内蒙古、贵州、甘肃、宁夏8地启动建设国家算力枢纽节点，并规划了10个国家数据中心集群。至此，全国一体化大数据中心体系完成总体布局设计，东数西算工程正式全面启动。如果说西电东输是对电能的跨地区协调，那么东数西算就是对智能的跨地区调度。在这些算力中心、数据中心之间传输智能，就需要更快更稳定的传输网络，满足算力对传送带宽、容量和低时延的要求，而F5G给出了解决方案。F5G的全称是The 5th Generation Fixed Network，即第五代固定网络，是以10G PON、WiFi 6、200G/400G和OSU-OTN等技术为代表的固定网络。F5G大带宽、低时延、高可靠、海量接入的特点，为大量高速地传输算力提供了支撑。F5G时代，物理光纤（Fibre）网走向全光业务网，全光业务网构建出了基础底座，实现在各个城市算力中心之间对智能进行大范围调度。这种F5G网络传输就是现阶段智网建设的一种解决方案。

最后，分散式使用智能。要想使用智能就需要拥有能够接收智能并由智能驱动的设备，目前我们称其为智能设备，我们日常所使用的手机及各类手持的智能终端就是其中一类。就像人类利用电能制造出了电锯一样，智能会进一步将电锯智化为“智锯”，进而生产出越来越多的“智化设备”。更为重要的是，智能会孵化出诸多“智能原生器具”，即随着智能的发展而出现的智能设备，但是这些智能原生器具必须具备接收和使用智能的能力，并且在很多时候需要跟智网进行交互，因此，一般这类器具都要具备边缘计算能力。例如，专门为在工业环境下应用而设计的数字运算操作电子系统，可编程逻辑控制器（PLC），其本质上就是一台具备编程、运算、控制、输出等能力的智能电脑，PLC 能够根据工业生产、行业应用的需求进行适应性融合设计，在边缘端低延时、高效率地管理和控制设备的运行，并且能够与智网进行密切的交互。

随着智能技术的发展，在可以预见的将来，智能也将像电能一样，逐步渗透到社会生活的方方面面，甚至起到更加重要的作用。与电器一样，在实现智能的产生和传输后，用户端或应用侧就需要合适的载体与之结合，成为“智器”，从而充分发挥智能的作用。那么，当下智能的产生能否也像电能一样无处不在，同时又孵化出一批“因智而生”的“智器”呢？

第二节　从电器到智器：数据嬗变

数据信息的积累和分析是深度学习的基础，在工业上数据源于工业物联网（Industrial Internet of Things），服务业上这些数据源于对我们日常活动的捕捉。随着更多的传感器装备到电网、铁路、桥梁、隧道、公路、建筑、供水系统、大坝、油气管道及家用电器等各种真实物体上，大量的数据将会被收集并分析，实现人与物体之间、物体与物体之间的沟通与对话。大量的数据带给我们前所未有的机会，大数据时代随之而来的就是无处不在的智能。2020年全球物联网的连接数首次超过非物联网连接数。非物联网连接主要是人与人通信的设备，其中智能手机占据最大份额，成为移动互联网的核心承载设备，也催生了庞大的移动互联网市场，对该类数据的分析和利用带来了移动互联网经济的繁荣。未来随着物联网覆盖各行各业，应用开发和创新与各行业数字化转型相匹配，数据分析与利用的空间依然非常大。

当数据被大量采集并融入电器之中，电器就开始向智器进行转变。现在我们已经有了很多利用大数据的应用产品，比如小米盒子具备自我学习的功能，这其实是利用云端的智能平台对设备进行数据积累，但它只是完成了学习的第一步——记忆，并不能算作自主学习。虽然当前的网器与智慧“脑器”相距甚远，但无人驾驶的汽车已经“上路”。Google Driverless Car是谷歌公司的Google X实验室研发中的全自动驾驶汽车，不需要驾驶者就能启动、行驶及停止。其中的关键因素之一是车辆行驶所依赖的数据。

这些自动驾驶汽车配备了各种传感器，如激光雷达、摄像头、超声波传感器和GPS。这些传感器不断地监测周围环境，提供关于道路、交通、天气和其他车辆的实时信息。例如，激光雷达可以绘制出精确的环境地图，摄像头可以识别道路标志和行人，而GPS则确保车辆知道自己的位置。接着，这些数据通过复杂的算法进行处理和分析。自动驾驶汽车利用机器学习和深度学习技术，不断地学习和适应不同的驾驶情况，使其能够识别路标、道路标线、障碍物和其他车辆，然后做出智能决策，如变换车道、减速或加速，以保持安全和高效的驾驶。此外，这些汽车还与云端服务连接，获取关于交通情况、道路封闭信息和地图更新的实时数据。这有助于汽车规划最佳路线，避开交通拥堵，提高行驶效率。最重要的是，谷歌的自动驾驶汽车是不断学习和完善的。每一辆车都会将其驾驶经验和数据上传到云端，以改进整个自动驾驶系统。这种持续的学习使汽车越来越智能，适应性越来越强，从而提高了自动驾驶的安全性和可靠性。

需要注意的是，虽然具备初步智能的智器已经给我们的生活方式带来了巨大的变化，但仍有很大的局限性。例如，当前的自动驾驶汽车虽然看起来已经具备了智慧的影子，但是对于不可预知的东西，目前它还没有敏捷的大脑来处理。除了对精准地图数据的依赖，无人驾驶汽车还存在不能很好地适应糟糕的雨雪天气，无法识别道路上的行人身份（例如警察与普通行人），面对违反交通规则的行人不能做出准确判断等一系列问题。

当前很多智器还必须依托人的指令才能实现智能，而不能主动交互，主动决策。这主要是因为智器还不具备与人类相同的智慧。智器的发展历史很像人类的进化史，电器经过单体运行到群体的集合成为网器，不断升级成为能够进行自我管理完成复杂活动的设备。能够执行这么多烦琐工作的前提是设备足够智慧，而智慧与智能的区别在于智慧具有自主思考和深度学习的特性。以人类为例，刚出生的婴儿，除了父母基因决定的天性，并不掌握其他知识。然而随着婴儿的逐渐成长，通过与外界不断链接、交流和互动，感受各类信息，大脑开始学习掌握知识，并利用知识来完成工作，由此才逐渐具备智慧。反观机器也是如此，如果机器也具有了类似人类大脑的智慧，那将会是一个全新的革命。

从智器的发展状况和趋势来看，未来将会有越来越多的智器在人工智能和机器学习等最新技术的加持下变得更加智慧，智器将成为现实世界中不可或缺的一部分，深刻地影响着我们日常生活当中的方方面面。当前，智化的世界正要拉开大幕，因智而化将会演变出精彩纷呈的业态，让我们一起拭目以待！

第三节　智能让我们更聪明

OpenAI发布的产品ChatGPT掀起了人工智能发展的又一个热潮，这种通用型的生成式人工智能不同于以往的对话机器人，它基于语言大模型GPT，能够更好地理解人类的自然语言，处理你提出的问题。它的模型也正在开始被运用在各个行业之中，深刻改变着各行各业的生产模式，有效的提升其生产效率。

例如在医疗保健领域，GPT式的通用智能已经成为医生和医疗专业人员的强大合作伙伴。这种智能系统可以处理海量的医学文献、病例报告和病人数据，快速识别疾病模式、潜在风险因素和最新的治疗方法。它还能够帮助医生进行临床决策，提供个性化的治疗建议，甚至在手术过程中协助实时监测患者的状况。这种智能系统的引入极大地提高了医疗保健的生产力。首先，医生和医护人员可以节省大量时间，不再需要花费数小时来搜索和阅读医学文献，而是可以迅速获得最新的医学知识。其次，通过提供更准确的诊断和治疗建议，这种智能系统可以减少误诊和治疗失败，从而提高病人的治疗成功率，减少医疗资源的浪费。最后，这种通用智能还有助于医疗保健领域的研究和创新。它可以分析大规模的病人数据，发现新的疾病模式和治疗方法，加速新药的研发过程。这不仅可以提高患者的生活质量，还可以减少医疗成本，提高整个医疗系统的效率。

除了生成式人工智能，其他的机器学习算法也都在为智能化添砖加瓦。美国某大城市的地下排水系统管道经历了多年的使用，已经老化受损，需要进行维护和修缮以确保供水系统的可靠性。在过去，管道修缮通常需要大量的人力和时间，而且常常伴随着不准确的估算和不必要的开挖，给城市交通和居民生活带来诸多不便。为了改进这一情况，当地政府决定采用人工智能技术来帮助预测哪些管道需要维修和修缮，以提高施工准确率。他们收集了大量的地下管道数据，包括管道材料、安装年限、维护历史及地下水位和土壤类型等信息。然后，他们利用机器学习算法对这些数据进行分析和演练，以创建一个管道健康状态的预测模型。这个模型综合考虑各种因素，如管道材料的腐蚀速度、环境条件对管道的影响及维修历史等，通过分析这些数据，预测哪些管道即将达到需要维修的状态，以及哪些管道可以继续使用。这使得该城市能够有针对性地计划管道修缮工作，减少不必要的开挖和交通干扰。结果显示，采用人工智能的预测模型使管道修缮预测的准确率提高到90%以上，大大节省了维修成本和时间，同时也提高了城市居民的生活质量。这个例子展示了如何利用人工智能技术来优化基础设施，提高准确性和效率，减少不便和资源浪费。

在上一节中，我们提到需要使用“智器”来发挥“智能”的作用，但构建一个具备自我学习、自我进化能力的真正的智器在目前仍旧是一个遥远的构想。现阶段的设备更多的是能够接入互联网，并根据数据贴合用户需求的“网器”，网器是智器发展的必由阶段。在实际的应用中，智能家具正大放异彩，不仅有较为成熟的应用，还具备向智器进化的可能性。

物联网以冰箱这一常用电器为例，海尔冰箱发布了馨厨互联网冰箱迭代升级产品——X9系列，将冰箱平台拓展为厨房平台。具体来看，冰箱平台升级智慧厨房生态平台之后，海尔馨厨互联网冰箱及油烟机、灶具等其他智能终端都将应用到平台上的服务内容，例如：智能云食谱、影音娱乐甚至是溯源生鲜直供等。除此之外，同一平台上的这些终端还可以实现互联互通，例如在冰箱上点击智能云食谱也可以启动烤箱、油烟机、灶具等智能终端。

小米则是将目标定在路由器上。路由器作为家庭网络的出入口，具有高速的网络传输性能和大容量的存储硬盘，小米在此基础上更进一步，为路由器赋予智能进而使其成为构建智能家居的控制中心。通过在一个统一的平台上进行控制并设置与所有智能设备之间的联动，了解户主的生活，融入户主的生活。早上自动打开窗帘，播放音乐，人们在阳光和音乐中醒来；黄昏回家，灯和空气净化器自动打开——总有一盏灯为你而亮；升温或降温时，自动打开空调，一进门就是人们想要的温度；出门在外，网关自动开启警戒状态，时刻保驾护航。这一切都不再是天方夜谭，小米的智能家居能够完美实现这样的生活场景。

当前出现的智能平台都有类似的特点——将智能赋予网器，以此来实现多终端的智能交互及数据共享，并对用户的行为等数据进行分析处理，以此为用户提供精准而便捷的智能服务。

通过上述分析我们不难发现，网器的运行模式可以总结为“云管端”模式（见图1-2）。所谓的“端”指的是发送和接受指令的智能终端，可以是智能恒温器、智能路由器、智能手机等，只要你想象力足够丰富，任何具备了连接网络、发送和接受指令功能的终端都可以成为“端”；“云”是云服务，包括接收并存储用户习惯信息，提供功能服务等；“管”是“云”和“端”，以及“端”与“端”之间的传输网络，这个网络的本质是提供人与设备间随时随地进行链接的通道，使得人机交互更加便捷。从电器到网器，链接是促使技术元素与人类融合的基础要件。未来，所有的“网器”都将进化为“智器”，源源不断的智能将成为驱动设备的基本动力。

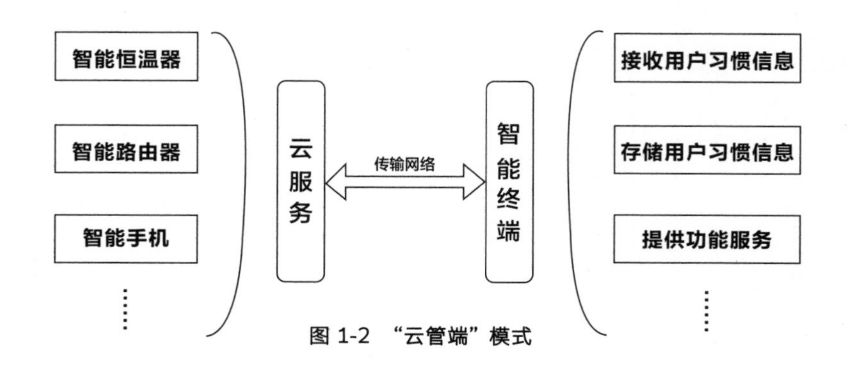

图 1-2 “云管端”模式

第 二 章

因智使能

第一节　人工不能

随着智能的不断发展，其强大的能量势必引起各行各业的重大变革，同时也会催生出越来越多的新业态和新技术，其中最为突出的便是人工智能。人工智能技术在一定程度上体现了智器—智化的发展历程。本章我们将围绕人工智能展开，进一步探讨人工为何“不能”，以及人工智能为何“能”。

人工智能（Artificial Intelligence）是计算机科学的一个分支，它企图了解智能的实质，并生产出一种新的可以按照与人类智能相似的方式做出反应的智能机器，相关的研究包括机器人（Robot）、语音识别（Voice recognition）、图像识别（Image identification）、自然语言处理（Natural Language Processing，NLP）和专家系统（Expert system）等。想要了解人工智能到底能给我们带来什么变化，我们首先要搞清楚在没有人工智能的时候，人工会有哪些“不能”。

其一，人不能不休息。人需要睡眠，睡眠是缓解疲劳的最佳方式，即便一个人真的可以做到不睡觉，他也需要抽出时间以另一种方式休息，否则他的身体一直保持在活动之中，体力将会不断流失并最终散尽。所以去掉休息的时间后，一个人真正可以用来工作的时间是极其有限的，况且不说至少需要18年的时间才能把一个人培养和教育到可以工作的状态，即便是工作的人也会有退休的那一天，并且在工作生涯中还很可能伴随着各种疾病的发生及伤亡等意外情况。也就是说，人不能做到无休止地工作。

其二，人不能一直保持头脑清醒。所谓的理性人只是个假说，人从来都不会做到真正的理性。这是因为做到完全理性需要一个人拥有处理完全信息的能力，然而信息是无限的，人的注意力却是有限的，想要用有限的注意力来应对无限的信息是不可能完成的事，所以不存在完全理性的人。此外，正是因为人的注意力是有限的，面对多项事务时，人需要不停地对刺激进行判断来确认其价值，进而将自己的注意力分配在不同的事务上，随着事务的增多和人脑的疲惫，再聪明的人都会犯下非常低级的错误。

其三，人不能克服自身的贪欲。每个人都有贪欲，即无休止的求取、贪得无厌的欲望和过分的要求。世上没有人会嫌自己得到太多，再知足常乐的人也会有某些方面的贪图，同样的也没有人会觉得自己不聪明，会想方设法去得到一些自己希望得到的。虽然这种欲望在很多情况下驱动了社会的进步，但往往也会引发许多新的、更大的社会问题。在贪欲的驱使下，人类会不断地制造各种麻烦，再想方设法地解决这些麻烦。人类社会就是在这种“麻烦悖论”里螺旋上升的。

其四，人不能没有感情。对于人类社会而言，感情就像是一张社会安全网，人通过交流感情来让自己镶嵌到社会关系网络之中，而身处社会关系网络中可以让我们获得更多的安全感。出于这种心理，社交媒体才产生了大量频繁互动的用户。社会关系网是认知自我的镜像，人们不断地从社会镜像里看到自己的模样，无论模样好坏，都会本能地相信那就是真实的自己。人通过与他人的互动来了解他人眼中的自己，获得名声、荣誉及满足感，所以，人不能少了人情味，否则和“冷血动物”无异。人情味就像一个人的优良品德，能够吸引其他人与自己互动，人与人之间的一条条人情线共同编织起了整个人情社会的网络。

其五，人不能不享乐。对于绝大多数的人而言，工作只是生活中的一小部分，甚至这一小部分都是为了享乐而不得不做出的牺牲。真正将工作视为享乐的人，要么是因为这个人自身极度无趣，要么是因为这份工作极其有趣。然而对趣味的追求是深埋在每一个人心底的，只不过对不同的人而言有低级和高级的区别而已，普遍来说，低级趣味从趣味本身上比高级趣味更加有趣，因为高级趣味这个词发明出来的目的就是抑制低级趣味的，所以肯定缺乏了一些趣味，但这也恰恰说明人追求趣味的本性，人很难克制自己享乐的本性。

其六，人不能复制人。目前已有三个国外组织正式宣布他们将进行克隆人的实验，美国肯塔基大学的扎沃斯教授正在与一位名叫安提诺利的意大利专家合作，计划在两年内克隆出一个人来。但是克隆人是在伦理上对全体人类的挑战，由于克隆人可能会带来复杂且意想不到的后果，现在一些生物技术发达的国家大多对此采取明令禁止或者严加限制的态度。中国也明确表示反对进行克隆人的研究，而且主张把克隆技术和克隆人区分开来。即便人类能在生物层面上克隆出一个自己的副本，但这也不是真正的本体，就像世界上没有完全相同的两片叶子，也不会存在一模一样的两个人。人类无法像复印机一样，想复制多少个就复制多少个，孙悟空的法术根本无法实现。孪生兄弟姐妹也会有天壤之别，即便他们的相貌相近，但是他们脑沟回路里的电波跳动也是明显不同的。人类可以繁衍后代，但那个后代肯定不是自己，并且会越来越不像自己，每个人都是独一无二的个体。

其七，人不能离开肉体。人的肉体与精神必须有机结合，才会有健康、幸福而美丽的人生。如果失去精神，肉体就会成为行尸走肉，失去应有的生机和活力。所谓人死灯灭，就是当一个人死亡时，他的注意力、贪欲、感情、享乐这些东西也就随之消散。正因为精神与肉体结合，所以每个人都是独特的，独一无二，仅此一生，别无分身。从这个意义上来讲，每个人都是孤本，人类做不到将肉体和精神分离，此二者必须在一个时空矩阵下共存。

其八，人类并非全能生物。在人类进化的过程中，自然进化的本质是物种的多样性，适者生存的进化法则并没有过分关照人类。蜜蜂具有与生俱来的筑巢能力，当蜜蜂从蜜源植物中采集到花蜜后，其身体内会分泌一种物质蜂蜡，蜜蜂会把分泌的蜂蜡重塑成六角形的蜂房，最后拼合成蜂巢，以便为蜂王产卵、储存蜂蜜、养育幼虫等活动提供场所。蜘蛛则能够以自身为测量仪器，来决定最后面的两对足和纺织突的机械动作和位置，因此能织成泾渭分明且十分牢固的丝网。这些都是人类难以掌握的“超能力”。更进一步说，和其他大部分生物相比，人眼只能看见可见光，人耳听不到超声波，就连主人识别宠物的能力都远逊于宠物识别主人的能力。

由此可见，虽然人类可能是地球上智慧水平最高的生物，但仍然存在很多局限。正是以上这些“人工不能”，为人工智能帮助人类实现更多可能提供了广阔空间。

第二节　人工智"能"

上一节说了很多的人工"不能"，那么人工智能相比人类在哪些方面"能"呢？

其一，人工智能不用休息。这意味着智能设备在处理数据方面远比人工处理更加持续，远比人衔接人的方式更加流畅快速。人总是要睡觉的，然而机器不用休息，倘若我们让机器做的是赚钱的事情，那么人工智能系统可以在我们安心睡觉的时候继续赚钱，这部分"睡后收入"是智能可以创造的价值红利。

其二，人工智能特别能算。计算是智能的前提，没有计算就没有人工智能，而计算的对象是数据，人类在处理数据方面基本上是"天才引领型"的，一些数学天才特别能算，也特别聪明，他们能够找出规律，让计算这件事情变得轻松一些，但与机器相比仍然远不能及。阿基米德把圆周率精度从3.1提高到3.14，祖冲之提高到3.141592，总计用了2400年，按图灵可计算模型设计的计算机把圆周率提升到小数点后1012位仅仅用了70年。机器暴力用足够大替代无穷大，用足够小替代无穷小，可以用皮秒（10^{-12}s）作为时间精度，控制时序周期，递归执行，而作为生物人的大脑，只有毫秒(10^{-3}s)的生理响应速度。人工智能可以调用的计算能力接近于无限，并且能够比人类更加迅速、更加精准地寻找出数据背后的规律，这是因为算法是人工智能发展的框架，算法框架能够极大地提高人工智能学习效率。一方面，算法框架降低了深度学习的难度，提供进行深度学习的底层架构、接口，以及大量训练好的神经网络（Neural

Networks）模型，减少用户的编程耗时。另一方面，大部分深度学习框架具有良好的可扩展性，支持将复杂的计算任务优化后在多个服务器的CPU、GPU或TPU中并行运行，缩短模型的训练时间。并且随着人工智能的不断发展，算力只会越来越强大。2022年，京津冀地区、长三角地区、成渝地区、粤港澳大湾区启动建设全国一体化大数据中心国家算力枢纽节点。自此全国一体化大数据中心体系完成总体布局设计，算力资源全国范围的跨区域统筹布局将会迎来算力的进一步提升。

其三，人工智能没有贪欲。甚至在人工智能的世界里，就没有欲望这个词汇，人工智能的真正趋向是目标，更进一步的是具备实现目标的“立场”，而很多时候人工智能的立场是被研发者的意志左右的，所以人工智能不会受到贪欲的驱使，不用辨别价值取向。例如，现阶段的审计工作普遍存在信息失实的问题，导致这种问题出现的原因一方面是由于巨大的数据量造成的人为失误，另一方面是存在部分工作人员因具有贪欲而对信息进行数据造假或者更改。而人工智能没有贪欲，因此将人工智能引入审计系统，既可以有效避免手工编制工作底稿造成的潜在失误，更为重要的是可以避免因审计人员一己私欲造成的信息失实问题。例如，中国移动自主研发了合同及会计凭证智能审计产品，利用自然语言处理（NLP）、光学文字识别（OCR）等人工智能技术，自动提取合同文本及会计凭证影像中的关键字段信息，并与相关结构化数据进行大数据关联分析，直接得出审计结果，实现全量审计。该产品在清理企业欠款审计、经济责任审计等项目中试点使用，已上线20余个智能审计模型，自动审计原始资料102万余份，有效揭示了合同关键要素缺失、预付款比例约定过高、发票与合同收款方不一致等传统数据审计难以发现的违规问题。更为重要的是，由于人工智能没有贪欲，减少了审计过程中出现舞弊的可能性，进而大幅提升了审计效率。

其四，人工智能不受感情牵绊。人类需要感情网络带来安全感，但人工智能系统不需要。有人讲，机器人永远替代不了人，因为机器人不可能有真实的感情。对于这样的判断，我只同意前半句，谁说机器人是来替代人的？但要认为机器人没有感情就不会替代人可就错了。机器人为什么非要有感情呢？恰恰没有感情才是机器人应该有的“感情”。正因这样机器人才不会受到人类的那些感情羁绊，才能够在特定的领域自由驰骋。机器不会替代人，但这不妨碍机器在很多地方胜于人，戏剧化的是人类甚至可以借助人工智能来分析并干预人类的感情。麻省理工学院（Massachusetts Institute of Technology，MIT）的实验室与咨询公司麦肯锡，正在进行一项研究，试图利用深度神经网络（Deep Nueral Network）技术，让人工智能观赏电影、电视剧、网络短片，并让AI从中分析出某一片段到底拍出了怎样的特殊感情，这些情绪是依靠怎样的细节组织呈现出来的。为了测试AI的精确度，实验人员还招募了人类对照组，记录下他们观看相同片段时，对于音乐、对话的反应。以《飞屋环游记》为例，在前12分钟里，Carl和Ellie回忆童年相识相知至长大结婚，经历没有孩子的挫折，但是最终还是相爱相守，一直到Ellie生病过世的全过程。在跌宕的情节中，人类观影者们无一不被感动得流下泪水。同时，AI也根据电影的画面和音乐，给出不同的正面和负面的反馈。在这一段情绪多次转换的影片中，AI就能发现正向情感回应的高峰——如快乐的童年；以及迅速的向负面情感的转变——如女主角收到惊吓后的反应。在对几千部电影分析之后，人工智能就分析出了电影的“套路”，最直白的，就是各种情绪的转接。这样的分析，最后几乎可以精确地给出一种情绪拍摄的时长、情绪变化的时间点、情绪变化的频率等标准答案。以家庭电影为例，影片总会在刚开始的时候放入一个负面的情感，然后让后面的绝大部分时间保持在积极的情感方向上，并以此收尾。除了对电影本身的分析，受众对于影片的观感和反馈，也是AI研究的重点。有了社交媒体这个免费且巨大的信息平台，每一条片子都有可能获得成千上万的反馈，从影片上线的时间，到评论上线的时间点、讨论频次、热烈程度、评论内容，都会被考虑进去，从而分析出社交平台对于电影的早期反响，会对最终的票房和口碑产生的影响。根据他们目前分析的结果，确定喜剧结尾和悲剧结尾哪个更受欢迎。

其五，人工智能不需要娱乐。人工智能可以为人类提供娱乐活动，但是没有娱乐自己的必要，因为它没有享乐的情感。在人工智能的世界里趣味本身没有高低之分，甚至人工智能根本就不会关心趣味这件事情。趣味是由人来判断的，而人工智能可以负责为人类制造趣味。虽然人工智能不需要娱乐，但它能够为人类创造出更多的娱乐方式。高度信息化的今天，每个人都能接触到海量的文化产品和服务，人工智能可以基于大数据来进行精准的个性化推荐，为每个人制造出独一无二的体验，满足个人对趣味的需求。依托运算平台和数据资源，人工智能已经在短视频、完美修图、全息电影、沉浸式游戏等多个领域改变了人类娱乐的方式。但是另一个关键的问题在于，一旦人工智能破解了人的趣味密码，这就会是一件相当无趣的事情了，因为如果能够制造无穷的趣味，那就意味着再无乐趣可言。围棋世界冠军柯洁在谈到AI对围棋的影响时曾说，“现在的围棋是极度之无聊的，不知道现在下棋的意义”，AI的出现让围棋有了参考答案，棋手不再是探索自己的棋路而是去模仿AI的答案。一定程度上，对于柯洁而言，围棋失去了乐趣，也就失去了继续求索的动力。然而AI不需要享乐来提供动力。它只是在不断地寻找最优解。

其六，人工智能可以复制。这种复制不是物理上的复制，是一种基于数据的“空间分身术”。理论上，一套人工智能系统就是一套数据算法，而这套数据算法可以借助无载重的传输瞬间出现在任何地方，而不用像人那样，走到哪儿都要驮着一身肉皮囊，并且还得加上各种衣服和七零八碎的穿戴物，人工智能可以做到瞬间乾坤大挪移。更重要的是，一套人工智能系统，可以在不同的终端上同时出现，做到分身有术。一组人工智能算法或模型能够被套用在多种场景中。ChatGPT是OpenAI开发的一种大型预训练语言模型，基于Transformer架构，可以用于生成类似人类的文本响应。ChatGPT可以用于创建聊天机器人、智能客服或者用于辅助面试、设计产品广告，甚至可以用于计算机编程。不管是作为主力还是辅助ChatGPT都有不俗的表现。ChatGPT可以帮助你实现极其丰富的功能，例如代码bug修复、程序文档生成、文本情绪分析、语言聊天、故事创作等，而你所要做的只是通过一个简单的接口将ChatGPT模型接入到你的程序中。很多人工智能模型都如同ChatGPT一样，它们可以同时出现在各种各样的程序中，帮助人们简单便捷地实现丰富的功能。

其七，人工智能不受时空限制。说到底，肉眼看不见的数据算法才是人工智能的灵魂，而这个灵魂并不需要寻找单一的栖息地，相反，数据灵魂可以栖息在任何可用的皮囊里，甚至它根本就不需要具象的皮囊，只飘荡在彩云之上即可。每次的交互，仅是比特与原子的一段情色缠绵而已，交换能量但又不能成为彼此。这就给比特宇宙和原子世界设定了边界，同时打开了相互穿越的虫洞。此外，灵魂不死，就只是一名等待召唤的长生侍者。在教育领域，基于人工智能技术的智慧教育打破了时间、空间的限制，让教育教学更加灵活。智慧教育不仅打通校园全量数据，还能借助人工智能等未来科技，打造“智慧教室”。苏州大学的5G+VR手术示教教室，最大限度地解决了教学受到物理空间限制的问题。智慧教育的普及，可以给学生提供更多的学习方式，让学生的学习不再受时间、空间的限制，随时随地都能轻松学习。智慧教育促进了创新人才的培养。智慧教育，可以利用数据对学生的学习情况进行采集，并自动分析学生的掌握情况，有助于教师“因材施教”，提高教学效率。同时，智慧教育还可以让学生根据个人志趣与个性差异对所学的知识和学习进程进行自主选择，因“才”施教，还有利于培养学生的创新精神和创造能力。智慧教育充分利用现代科学技术手段，推动教育信息化，大力提高教育的现代化水平。同时，丰富新奇的教学方式和手段，有助于提高学生的学习兴趣。而在这个过程中，学生们对于新型信息化手段的耳濡目染，有助于培养和提高学生的信息素养，推动教育现代化的发展进程。

其八，人工智能具有千里眼和顺风耳。人工智能的机器视觉系统是通过机器视觉产品（即图像摄取装置，分为CMOS和CCD两种）将被摄取目标转换成图像信号，传送给专用的图像处理系统，得到被摄目标的形态信息，根据像素分布和亮度、颜色等信息，将其转换成数字化信号；图像系统对这些信号进行各种运算来抽取目标的特征，进而根据判别的结果来控制现场的设备动作。通过上述步骤，人工智能可以以更快的速度、更高的精度对图像进行处理和分析，从而完成以前人眼无法做到的事情。比如北京旷视科技的人工智能人脸识别系统，不仅能够用于公司门禁，还能够利用动态视频追捕逃犯，即便逃犯只在镜头前出现了几秒钟，系统也能够快速作出反应并触发警报，从系统报警到逃犯落网，只需20多分钟。视觉识别系统的出现，使得公安部门可以不用在海量视频中大海捞针般提取证据、线索，也避免了人工标注的线索遗漏，节省了大量人力物力。在声音识别方面，除了语音识别、文字转录等常见应用，人工智能技术在生物学的野外物种调查中也发挥着至关重要的作用。以往生物学家在开展野外物种调查时，往往要在山林间跑上数周甚至更久，而现在，借助于人工智能技术开发的野生动物声纹智能监测设备，中国科学院动物研究所的生物学家即便坐在办公室也能实时监测野生动物的情况。更为重要的是，开发团队在算法设计时过滤掉了环境噪声，这使得智能设备的声音识别能力有效提高，能够精准地捕捉采集生物声音样本。在短短3个多月，中国科学院动物研究所布设在温榆河公园内的3处监测仪就收集到了数万条有效的鸟鸣数据，分别来自中华攀雀、金翅雀等90余种鸟类，其中包括国家一级重点保护野生动物、世界“极危”物种黄胸鹀。系统还能自动生成频谱图，让声音变为直观的图像。风声、水声等环境音是频谱图的底色，鸟鸣声则显示为亮眼的橙黄色。每种鸟都拥有各自的声音频谱，棕头鸦雀的叫声短促而明亮，形状像一个个小小的纺锤；中华攀雀有着独特的尾音，拖成一道道长线；苍鹭的嗓音则洪亮低沉，呈现为明显的色块。

表2-1总结了人工不能和人工智能迥然不同的能力，人工智能之“能”几乎是人类梦寐以求但达不到的境界。人类做不到的，我们期待假借非人类的东西做到。恰好，人工智能很像人脑，所以我们一方面希望人工智能帮助做到我们不能做到的，另一方面又担心人工智能各方面都比我们做得好。这些希望和担心都有一定道理，但又不必过于纠结，理性看待即可。我们唯一的出路在于，让人工智能在我们不能做到的地方全都做得比我们好，问题是，我们能做到什么……

表2-1 人工不能与人工智能

维度	人工不能	人工智能
休息	不能不休息	不用睡觉
工作能力	不能时刻清醒	特别能算
贪欲	无法克制	根本没有
感情	离不开	不受牵绊
享乐	不能缺少	不需要
复制性	不能复制	可复制
时空限制	虚实合一	不受限制
视觉和听觉	不突出	极其突出

第 三 章

智如何能

第一节　人工智能的演进

在本节的开始，让我们先想象一个简单的“模仿游戏”：游戏的参与者包括一个男性（A）、一个女性（B），以及一个裁判（C），裁判位于一个密室中，无法看到参与者，而参与者A和B则分别位于不同的房间，通过书面对话与裁判通信。A的任务是欺骗裁判，让裁判无法确定他们两个人中哪一个是男性，哪一个是女性，而B的任务则是诚实地回答问题，试图让裁判正确辨认A和B。这种“模仿游戏”的场景在我们的现实生活中似乎是很常见的，但如果用机器代替A，将会发生什么情况？这就是著名的图灵测试（Turing Test）的起源。

图 3-1　艾伦·麦席森·图灵

1950年，计算机之父艾伦·麦席森·图灵（见图3-1）发表了题为《计算机机器与智能》（*Computing Machinery and Intelligence*）的论文，在这篇文章中图灵探讨了机器是否能与人一样具有思维，并尝试将这个问题具体化，用“图灵测试”代替这个抽象的问题，认为如果机器能通过图灵测试，那么我们就可以说它们具备了智能。这篇论文在之后被更名为《机器能思考吗？》，被认为是人工智能领域的重要里程碑之一。图灵的思想成为AI研究的出发点，推动着人们不断探索计算机和智能之间的关系。

正是在这一阶段，人们开始探索如何使这些机器表现出类似人类的智能。而这个过程促进了人工智能（Artificial Intelligence，AI）领域的诞生。1956年夏天，在达特茅斯学院（Dartmouth College），约翰·麦卡锡（John McCarthy）、马文·明斯基（Marvin Minsky）、内森·罗切斯特（Nathan Rochester）和克劳德·香农（Claude Shannon）等一群前卫研究者举办了一次历史性会议，正是在这次会议上"人工智能"这一概念被正式提出，人工智能领域由此诞生。从此，这个简单而直接的名字将人们的期望集中到一起，开启了一段伟大而漫长的探索旅程。

人工智能（AI）领域有两个主要的思想流派：联结主义（Connectionism）和符号主义（Symbolism），或者说"代理计算"（Agent）和"算法计算"两种路线。这两个学派代表了处理智能和认知问题的不同方法。联结主义是一种基于神经网络的思维方式，模拟了人脑中神经元之间的连接方式，强调从数据中学习；而符号主义则是将智能视为一种基于符号和符号处理的过程，它强调符号之间的推理、逻辑和知识表示。

虽然联结主义的早期发展可以追溯到20世纪40年代和50年代，但在20世纪50年代至70年代之间的二三十年里，一直是符号主义占据着人工智能发展的主导地位，研究者们主要关注使用逻辑推理和规则系统来表示和处理知识，将人脑里的知识通过大量的"如果—就"（if—then）规则定义转换为计算机可以理解的形式，从而使计算机能够产生像人一样的推理和决策。符号主义的代表性应用之一是专家系统，这些系统通过符号表示知识，模拟专家的决策过程，并应用于医疗、金融和工程等领域。我们所熟知的IBM计算机程序“深蓝”（Deep Blue）也是属于符号主义的代表之作，深蓝的设计使用了传统的计算机博弈方法，包括极小化搜索、博弈树剪枝和庞大的国际象棋开局库。它拥有强大的计算能力，能够在短时间内评估数百万个可能的国际象棋着法，以找到最佳行动路线。在1996年首战负于卡斯帕罗夫之后，1997年，深蓝与卡斯帕罗夫进行了历史性的复赛，这次深蓝以2比1的比分战胜了卡斯帕罗夫，成为第一个击败国际象棋世界冠军的计算机程序。

符号主义通过设计算法将人类知识导入计算机，尝试让计算机获得智能，然而，知识的描述变得比最初预期的更加复杂和困难，知识的输入是无穷无尽的，专家系统的局限性暴露出来，导致了世人对AI的怀疑，人工智能因此进入了一段低谷期。尽管如此，一些坚定的研究者仍然坚持不懈地探索AI的可能性。1986年，Hinton和David Rumelhart、Ronald Williams发表的论文中详细阐述了反向传播算法（Backpropagation，BP），该算法使神经网络的训练更加有效，这让联结主义和神经网络再一次回归人们的视野。进入21世纪后，计算机硬件性能持续提高，互联网的迅猛发展也使大数据成为现实。这种增强的计算能力，结合大规模数据集的可用性，再加上算法本身取得的突破，使一种基于神经网络的机器学习方法——深度学习（Deep Learning）快速兴起。

深度学习的核心是多层次的神经元网络结构，能够自动从数据中学习特征。深度学习的兴起标志着人工智能领域的复兴，人工智能再一次以人机对战的方式出现在人们的视野中。在深蓝击败卡斯帕罗夫后，围棋已成为人类棋类智力游戏的最后一块未被人工智能攻下的高地。围棋的棋盘上有19 × 19=361个交叉点，每个交叉点可以落子或不落子，可能的局面组合数非常庞大，远远超过国际象棋等游戏，甚至有人估算称围棋的变化比宇宙中的原子数还要多；同时围棋局势评估和决策往往需要考虑全局的形势、眼位、棋型等因素，这些因素难以用传统的规则来准确描述，因此围棋也被认为是世界上最复杂的棋盘游戏。然而这块“最后的高地”也被深度学习所攻克。2016年，Google旗下DeepMind公司开发的AlphaGo在韩国首尔以4比1力克围棋世界冠军李世石，次年在中国嘉兴乌镇再次以3比0战胜当时世界排名第一的围棋世界冠军、职业九段棋手柯洁，比赛中柯洁一度单手掩面泪洒赛场。在AlphaGo程序中，深度学习尤其是深度卷积神经网络（Convolutional Neural Networks，CNNs），发挥了关键作用。AlphaGo使用深度卷积神经网络来评估围棋棋盘上每个位置的局势，这个神经网络接受围棋棋盘的状态作为输入，并输出一个值函数，用于估计每个位置的价值，从而实现准确的局势评估。AlphaGo的这次胜利被视为计算机在复杂智力游戏中的重大突破，也证明了深度学习在复杂智能任务中的巨大潜力。除了我们所熟知的AlphaGo，深度学习方法帮助研究人员在机器视觉、自然语言处理和语音识别等领域取得了突破性的进展。以机器视觉为例，通过使用卷积神经网络、Siamese网络等深度学习模型实现的智能脸部识别技术，可以利用一张儿童照片生成该儿童未来很多年后的样貌图像，并将其与监控、户籍中的图像数据进行比对，实现跨年龄段识别，从而帮助公安机关进行打拐，让被拐多年的受害者跟自己的亲生父母团聚。2017年使用这种技术后，中国福建警方仅半年就找到了500多名失踪者。

近年来，人工智能技术仍在高速发展，也在不断产生一些新的模型、方法甚至思想流派。比如强化学习方法，其关注智能体（代理程序）如何通过与环境的交互、不断理解环境来学习最佳行为，它与心理学行为主义的刺激—响应模型有一定的相似性，因此也形成了人工智能的行为主义流派。强化学习在各种应用领域中都有广泛应用，包括自动驾驶、游戏开发、金融交易、机器人控制等，在这些应用中，智能体通过与环境互动来自主学习如何采取行动，并在这一过程中不断调整行为以实现最大化奖励[①]。除了强化学习，大模型的出现也给人们带来了相当强烈的震撼，比如在上一章中我们曾提到的ChatGPT，大模型通常是指参数数量庞大的深度学习模型，它们拥有数十亿甚至数百亿个参数，这使得它们能够处理更复杂的任务和数据。大模型目前已被应用于各个领域，在自动驾驶领域中，大型深度学习模型被用于进行感知、决策和控制，它们能够分析传感器数据、理解环境进而做出驾驶决策；娱乐和创意方面，大型生成模型被用于创作音乐、艺术和文学作品，如音乐曲目、艺术画作和故事情节等。

人工智能从被提出到今天已经发展了近70年，这期间有过快速发展的高潮，也经历过发展停滞的低谷。对当前来说，企业所应用的人工智能技术可以简单地分为运算智能、感知智能、认知智能这3类。运算智能阶段的人工智能以计算和判断能力相结合为突出特点，主要应用于专

①奖励是人工智能领域的专业名词，是数值信号，用于衡量智能体在特定时间步内做出的特定动作（action）对实现其目标的贡献有多大。——校者注。

家系统等，以简化决策所需知识，提高决策效率；处于感知智能阶段的人工智能能够进行语音和图像识别、自然语言处理等，并通过这些技术感知内外部复杂信息，提高企业环境感知；而发展到了认知智能阶段的人工智能则兼具理解和思考的能力，通过强化学习、大模型等技术自动适应环境、理解环境并生成决策。

第二节　算法的精进

要想知道我们离人工智能时代还有多远，我们不妨先来看一下，智能算法是如何改变我们的生产生活的。

当你早晨醒来，房间里的智能语音助手已经准备好迎接你的一天。你只需说出一句话：“嗨，助手，早上好！”

智能语音助手立刻响应：“早上好！今天天气晴朗，温度适中。有什么我可以帮助你的？”

你坐起身来，思考了一下，然后说：“请为我设置一个提醒，下午2点有一个重要会议。”

语音助手立即回应：“好的，我已经为你设置了下午2点的会议提醒。还有其他需要我帮忙的吗？”

你想起自己还需要查看今天的日程安排，于是问道：“助手，今天我有什么日程安排？”

语音助手将今天的日程列出，并提醒你下午的会议。你感到放心，因为语音助手始终为你提供着重要的信息和提醒。

这种往日在科幻片中出现的场景，如今已几乎渗入我们每个人的生活中。绝大部分的智能手机、智能音箱中内置的语音助手都能轻松地完成上述对话，甚至它们已经可以作为枢纽连接其他的智能设备，让我们只通过与智能助手对话，就可以控制家里的各种电器。

那机器是如何实现与人的对话的呢？与我们人与人之间的对话过程一样，机器与人类对话需要实现三步：接收语音，理解问题，生成回答。其中，最基本也是最重要的就是正确接收人所传达的语音信息，也就是听懂。机器要想听懂人的问题或命令，离不开自动语音识别技术（Automatic Speech Recognition，ASR）。ASR系统首先需要采集用户的声音，声音采集后，信号会以数字形式表示，成为音频数据。对音频进行噪声消除、降噪等预处理步骤后，ASR系统进入特征提取步骤，提取其中有用的声学特征，包括梅尔频率倒谱系数（MFCC）和滤波器组等。在提取到声学特征之后便进入最关键的一步，构建声学模型和语言模型。语音识别的原理，简单来说就是针对输入的语音信号，找到一个与其匹配度最高的文字序列。这个任务进一步被拆解为，找到最像“人话”同时发音最像所输入语音的文字序列。而这两个任务被分别交给了语言模型和声学模型。语言模型负责根据语言的语法和上下文来评估文本的流畅度和可能性，可以基于统计方法，如n-gram模型，也可以基于深度学习方法，如循环神经网络（RNN）或者Transformer模型；声学模型负责计算给定文字发出这段语音的概率，通常使用的模型包括隐马尔可夫模型（Hidden Markov Model，HMM）和深度学习模型，如卷积神经网络（CNN）和循环神经网络（RNN）等。最后利用解码器将声学模型和语言模型的输出进行组合，就生成了最终识别的结果，也就是用户语音输入的文本表示，从而实现了语音交互。除了自动语音识别，人与智能交互的过程还涉及很多人工智能技术，比如自然语言处理（Natural Language Processing，NLP）技术用于理解经过语音识别得到的用户语音输入的文本表示，并进一步生成对用户的回复文本；语音合成（Text-to-Speech，TTS）技术能够将文本进一步转化为声音，以语音的形式传达给用户。

这些实现智能语音助手功能的技术，同时也被应用于智能客服系统中，随着机器学习和自然语言处理等前沿技术的不断进步，智能客服系统正在变得更加智能化、人性化和个性化。这些技术与智能机器人技术结合，推动了服务业发展出一种特殊的服务方式——无人值守，在节省人力的同时为用户带来全新的体验。iiMedia Research（艾媒咨询）数据显示，2021年，在客户服务领域应用了人工智能的企业比例达到20.2%，中国智能客服相关企业数量已经超过900家。《2023年中国智能客服市场报告》显示，2022年中国智能客服行业市场规模达到66.8亿元，同时随着AI大模型的出现和不断开发运用，中国智能客服行业市场规模还将进一步高速增长，预计2027年将达到181.3亿元。智能客服并不是近两年才兴起的，2017年，淘宝就上线了智能客服“店小秘”，用以帮助商家处理客户咨询问题，以提高服务效率，很多银行、运营商的客服电话也早早就开始采用智能语音客服系统，只是这些智能客服普遍使用的是基于规则的FAQ（问答）对话模式，对于简单的常规问题可以进行很好的处理，但面对非常规复杂问题，就很难理解用户。“我没听懂，请您再说一遍”一度成为每一位遇见困难问题的消费者的噩梦，如果不能即时转到人工客服，就会给消费者带来相当糟糕的体验。而AI大模型的兴起，为智能客服迈入新阶段创造了条件。与传统智能客服不同，基于如GPT-3、BERT、LLaMA等大语言模型的智能客服够处理复杂的上下文对话，在多轮对话中，根据先前的问题和回答引导用户提问，理解客户真实的服务需要，从而更好地回应用户的问题。浪潮基于其开发的AI大模型“源”（见图3-2）打造了新一代客服机器人“源晓服”，其强大的专业知识理解能力与自然语言理解能力，可对复杂的数据中心技术咨询进行智能提问引导与问题的精准定位，并给出高可靠、高可读、高度精细化的专业解答，能够处理92%的客户咨询问题，复杂问题解决率达到85%，助力服务效率提升达到

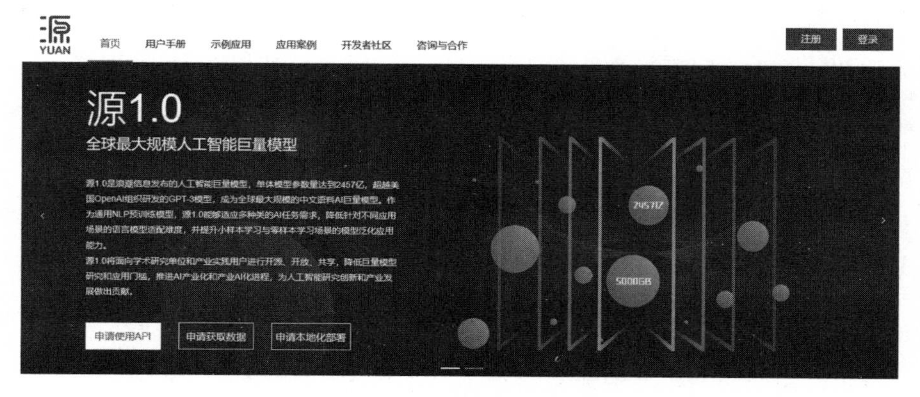

图 3-2　浪潮大模型“源”

160%。AI大模型的应用进一步推动了无人值守服务模式的发展，显著提高了问题解决率和服务满意度，让真正的无人值守服务成为可能。

除了服务业的无人值守，在工业上，人工智能的发展也推动了机器替代人的过程，为工业生产实现了降本增效。与服务业的智能客服相同，工业人工智能发展的新趋势同样也是大模型。作为工业制造中的

眼睛，机器视觉一直是人工智能在工业中的一个重要应用领域，操作中的定位、产品质量监控、设备故障自动检测等都需要机器视觉技术来实现。近年来，微软、谷歌、百度、华为等均发布了自己的视觉大模型。与传统机器视觉模型相比，机器视觉大模型在图像分类、物体检测、分割和识别等任务上有着更高的准确性，同时大模型具有更好的通用性，可以适应不同的场景和应用，通过迁移学习的方式仅需要较少的训练数据即可应用于新任务。以华为盘古CV大模型为例，基于盘古CV模型开发的盘古矿山大模型，只需导入海量无标注的矿山场景数据进行预训练即可进行无监督自主学习，仅一个大模型就能覆盖煤矿的采、掘、机、运、通等业务流程下的1000多个细分场景。其AI智能监测系统能够精准识别大块煤、锚杆等异常情况，异物识别准确率达98%。相较于人工巡检，盘古矿山大模型实现了全时段巡检，且识别精度、效率更高，大幅度避免了因漏检造成的安全事故。

不管是服务业的无人值守、还是工业上的机器替代人，都是从简单、重复的劳动中把人替换掉。大模型等新模型、新算法的出现进一步推动了这一过程，算法的精进让人工智能开始承担更复杂、灵活，更具有挑战性的任务，在替换人力的同时大幅提升效率，逐渐进入人类不能的领域并做得更好。事实上，不管是工业上的机器替换人力还是服务业上的机器提供服务，结果都是我们使用在线的数据和机器代替了人员的在场。生产车间里面没有工人了，人力操控变为数据信号操控；服务业演变成无人值守的状态，同样是人工智能代替人力。两者都需要让数据在线。实质上，这个阶段就是人工智能给我们生产生活带来重大改变的过程，也就是数据驱动业务的变革之路。

第三节 数据力的加持

数据驱动业务的能力就是数据力，即个人或组织对数据资源掌控、获取和开发的综合能力。

我们在前面的内容中提到，智能的目标是要在人类不能的地方做得更好。那么，数据力替代劳力只是人工智能发挥价值的第一步。人工智能的发展方向是超越人类，而如果人工智能想要完成对人类的超越，那么它必须在数据力的加持下进行不断的学习。以大模型为例，大模型的训练过程中需要庞大的数据量，2021版本的GPT使用了31亿个网页内容，约320TB的文字信息进行训练；华为的盘古CV大模型在第一阶段的预训练中使用了超过100TB的通用图像数据。虽然这并不意味着使用更多数据就能创建更好的模型，但毫无疑问数据在创造“智能”的过程中发挥着至关重要的作用。

在数字时代，数据力源自数据的生成、流通与使用的方方面面，并对人工智能技术产生深刻的影响。在这个数据爆炸的时代，数据的生成量正经历着前所未有的爆发式增长。互联网、社交媒体、移动设备和各类传感器不断创造着庞大的数据池。根据国际数据公司（IDC）在《数据时代2025》中发布的数据，2018年全球产生了33ZB的数据，而到2025年这个数值则将增长到175ZB。人们在社交媒体上分享自己的生活点滴，手机、智能家居设备、监控摄像头、自动化生产设备、智能驾驶汽车等，我们生产生活中的每一个角落都无时无刻不在产生数据，就像智能生产线（见图3-3）。这些数据有着各种各样的形式，例如，社交媒体数据包括文字、图像和视频，传感器数据可以是温度、湿度、位置等，这种多样性为各个行业提供了丰富的信息资源，为人工智能提供了无限可能性。

图 3-3　智能生产线

数据的爆炸式生成为数据力提供了丰富的来源，然而要想将数据力最大程度释放出来，还需要通过数据合规流通使用。我们身体中的血液，流动受阻时，我们的肢体就有坏死的风险，当它顺畅地流动起来，就会给我们的身体带来澎湃的动力。数据就像血液，只有让它顺畅地流动起来才能释放出所蕴藏的能量。虽然我们的生产生活无时无刻不在产生数据，但这些数据在产生之初就被分隔在不同的个体间、不同企业机构间又或是不同国家之间，看似丰富，但非常分散而孤立。只有打破各个数据孤岛之间的壁垒，让它们流通起来，才能将数据汇聚起来，得到真正丰富的数据资源。通过数据流动，企业可以更高效地获得市场洞察，研究人员可以合作开展全球性的科学研究，政府可以更好地理解掌握社会动态趋势。从学理上讲，数据与其他生产要素不同，具有独特的属性：数据可共享；可复制；可无限供给；同一组数据可以被多个经济主体使用，额外增加数据的使用者并不会减少现有使用者的效用。这意味着通过数据的流通，每个主体能够获得、使用的数据规模将显著增加；而数据要素又有着规模报酬递增的性质，数据规模越大，种类越丰富，使用者越多，越能推动生产效率的提升。因此数据流通能够发挥数据的规模效应，从而最大程度地释放数据力。

目前，世界各国都在致力于促进数据的合规流通，我国曾多次在相关政策文件中提到要构建数据合规流通制度，促进数据流通，释放数据价值。例如，2020年《中共中央 国务院关于构建更加完善的要素市场化配置体制机制的意见》强调，推进政府数据开放共享。研究建立促进企业登记、交通运输、气象等公共数据开放和数据资源有效流动的制度规范；2022年国务院办公厅印发的《要素市场化配置综合改革试点总体方案》提出，要求探索建立数据要素流通规则；2022年发布的《中共中央 国务院关于构建数据基础制度更好发挥数据要素作用的意见》中强调，要以数据产权、流通交易、收益分配、安全治理为重点，深入参与国际高标准数字规则制定。这些政策文件从政府数据开放、企业数据流通、个人数据保护、流通规则制定等各个角度，为我国构建合规、高效的数据流通制度指明了方向。当然，数据的流通在过程中也面临着一系列挑战，而合规是数据流通与使用的关键原则，特别是数据流通伴随着数据泄露、滥用个人隐私等严重问题。因此，数据安全和隐私保护法规的制定和执行对于维护数据流通的合理合规至关重要。为此，我国在2017年颁布实施了《中华人民共和国网络安全法》，在2021年先后颁布并实施了《中华人民共和国数据安全法》及《中华人民共和国个人信息保护法》，用以对数据安全和隐私保护问题进行规治。

如今，数据力已经成为数字时代的一股强大力量，推动着社会和经济的进步。《中国数字经济发展研究报告（2023）》显示，2022年我国数字经济规模达到50.2万亿元，数字经济占GDP比重超过四成，达到41.5%。数据的生成、流通与使用已经深刻地改变了我们的生活方式和经济格局，同时这样的环境也成为人工智能发展的温床。以工业制造为例，过去的工业制造以手动或者机械化操作为主，生产过程中的数据难以被采集，人工智能缺少训练数据集，即使可以通过专家系统等方式构建人工智能，智能系统也缺少与机械化操作连接的媒介；而今天数字经济高速发展带动大量工业制造企业开展数字化转型，2022年我国规模以上工业企业关键工序数控化率已达到55.3%，机器的操作数据被源源不断地采集上传。这些数据既可以用以训练人工智能，也可以应用人工智能对其进行分析，进而调整生产机器，实现智能化生产制造。在数据力的加持下，人工智能得以不断地学习、迭代、演进，不断地在人类所不能的地方做得更好，从而在人工智“能”的道路上不断前进。

第 四 章
何以经济

第一节　正在到来的智能经济时代

何以经济？但凡一项技术具有经济意义，那么这项技术要么能够降低市场交易费用，要么能够创造全新的市场价值。

我们宏观意义上的技术经济价值，就是能够在更低成本的基础上创造出更高的价值。例如，电报电话这样的通信技术出现和普及后，全社会的交易成本大幅下降，人们不用再千里飞书就可以迅速完成交易。航空运输等技术也因此而发展。正因为这些技术的出现和发展，信息流、物流、资金流的成本急剧下降，从而大幅削弱了商业社会的摩擦力。与此同时，这些技术的应用又能催生出很多前所未有的新兴产业，这些新兴的产业又为我们创造了更多的经济价值。两相结合，技术的经济意义就得以显现了。

互联网的普及也遵从这种逻辑。互联网单纯作为一种技术存在，从1969年诞生到1989年，这20年并没有多少经济价值，直到1989年万维网诞生，互联网终于可以作为一种面向公众的信息平台出现，加速了信息流转和利用的速度，并开始参与到降低市场交易成本的行列中去，其经济价值得以加速显现。之后，基于互联网诞生了无数新兴产业，或者叫网生产业。这些网生产业以不同于传统业态的方式为全社会创造出更多的价值，这就有了互联网经济。

实际上智能技术的出现甚至比互联网更早，当中还经过了好几个阶段的发展，但智能技术能够真正证明经济价值的本质，却是伴随着互联网的普及而更加清晰的。原因在于智能技术是数据驱动型的，如果没有数据的输入，智能就没法获得，正如没有电力的输入就不会有互联网一样，因此过去我们还没有办法很好地解决智能输入的问题。而随着互联网引发的数据浪潮，驱动智能的数据问题得以解决，使得以数生智成为可行，因此现在所有的智能设备都是数据训练的结果。

智能经济以人工智能为基础，极大地改变了人类经济和社会发展的经济形态，人类创造的人工智能能够在一定程度上直接挑战人类智能本身，在某些工作岗位上能够替代人类劳动者并比人类劳动者做得更好且成本更低。富士康最鼎盛的时候拥有350万员工，而今天仅拥有50万员工，但这并不代表富士康已经衰退了，而是因为富士康以人工智能取代了人类的智力和劳力；在智能经济时代之前，富士康企业的手机组装合格率为99%，而在今天其不合格率已经降低到了4.5‱。

智能经济的良好持续发展对我国经济效益的提高和供给侧结构性改革[①]的优化也至关重要。人工智能能够为我国的经济效益提供巨大的生产力。一方面，人工智能的推广与应用能够引起传统产业结构的变化与调整，推动高新技术产业与传统产业在三大产业结构中进行合理分配。人工智能产业作为战略性新兴产业，在一定程度上能够使得第一、第二产业比重下降，增加第三产业比重，推动传统产业的创新与转型。国家统计局的数据显示，2020年中国第一产业增加值占国内生产总值比重为7.7%，第二产业增加值占比为37.8%，第三产业增加值占比为54.5%。与

① 供给侧结构性改革，简而言之就是从供给、生产端入手，通过解放生产力，提升竞争力，促进经济发展。具体而言，其强调清理“僵尸企业”，淘汰落后产能，将发展方向锁定新兴领域、创新领域，创造新的经济增长点，即用改革的方法推进结构调整，使生产要素实现最优配置，提升经济增长的质量和数量。——校者注。

2015年相比，第一产业和第二产业的比重分别下降了1.4%和2.7%，而第三产业的比重上升了4.1%。这说明中国经济结构正在优化和升级，服务业也快速发展。另一方面，人工智能能够推动经济增长方式的转变，传统的粗放型经济以高消耗、低产出、高污染为特征，而新兴的人工智能经济以低消耗、高产出、低污染为特征，人工智能作为高新科技手段能够减少高碳能源消耗，并且能够推动新能源开发，对我国经济转型具有重大意义。

近几年，中国的人工智能行业备受政府的关注和支持。各级政府陆续出台多项政策，鼓励人工智能行业的发展和创新。其中包括《科技部关于支持建设新一代人工智能示范应用场景的通知》，科技部等六部门印发的《关于加快场景创新以人工智能高水平应用促进经济高质量发展的指导意见》，以及工业和信息化部印发的《新型数据中心发展三年行动计划(2021—2023年)》等。这些政策为我国的人工智能产业提供了长期的支持和保障。得益于国家政策的大力支持，以及资本和人才的推动，我国的人工智能行业正在迅速发展，走在了世界的前列。中国信通院测算，2022年我国人工智能核心产业规模达5080亿元，同比增长18%（见图4-1)。普华永道预计，未来10年中国将从人工智能中获得最大的收益，2030年人工智能产值将达到GDP比重的26.1%；而北美与西欧则分别占到各国GDP的14.5%和11.5%。中国人工智能的市场规模增速超过全球，其在全球的占比也有所提高，加之资本市场火热，逐渐形成大批人工智能龙头企业，不断提升其国际竞争力。这意味着人工智能行业正在以惊人的速度发展，为我国经济带来了巨大的增长潜力。

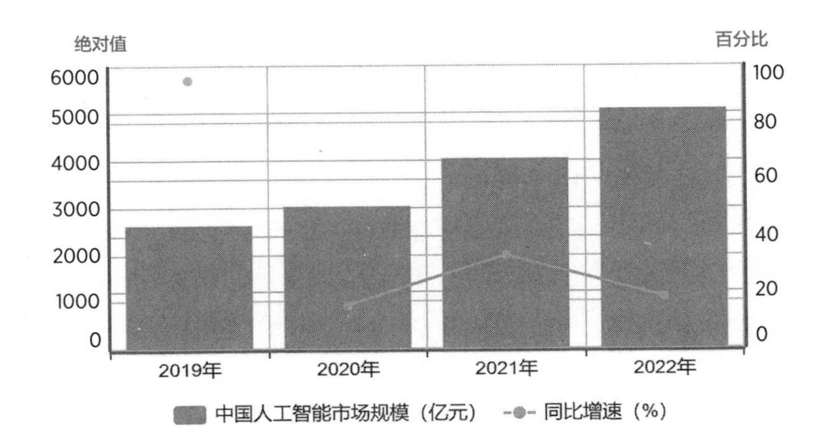

图 4-1 2019—2022 年中国人工智能市场规模及增速

智能经济作为借助新一代的信息技术将人们在生活、生产过程中非结构化的需求、需要、诉求、价值，通过智能硬件、智能设施、智能服务及社交网络等去执行、表达、满足、生成的全新生产方式，在未来将会成为智能社会的有力推手。智能经济发展动能将突破虚拟现实、人工智能、超级计算、机器深度学习、区块链等一批核心智能技术，培育智能制造、无人机、智能汽车、工业机器人、可穿戴设备、智能电网、智能交通、远程智能医疗等一批新业态，打造有影响力的新科技产业，实现从微观企业创新延伸至中观的产业创新，最后形成区域的全方位创新。

智能企业的发展是智能经济时代的必然结果。智能经济时代以智能化技术为核心驱动力，智能企业作为智能化技术的应用主体，扮演着至关重要的角色。智能企业按照其出身，可以划分为原生型与转基因型两类（见图4-2）。

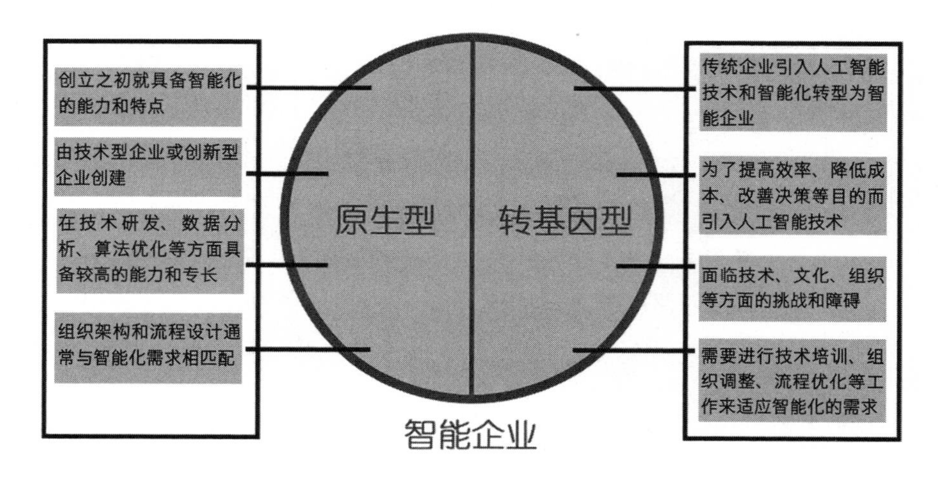

图 4-2 两类智能企业

第一类原生型智能企业是指那些从企业创立之初就具备智能化特征和能力的企业，将智能化技术融入产品或服务中，以提供更高效、便捷、智能化的解决方案。原生型企业具有创新精神和技术专长，能够不断推出具有差异化和颠覆性的产品或服务。具体而言，从我国安防领域来看，旷视科技、商汤科技、依图科技、云从科技这四家原生型智能企业以牵引安防领域为着眼点迈入智能经济时代。这四家原生智能企业并称为中国人工智能“四小龙”，他们在创立之初就持续在智能领域探索和经营，并在计算机视觉、自然语言处理、机器学习等方面取得了突破，为智能经济时代的发展提供了强大的技术支持。同时，他们的产品和解决方案广泛应用于安防监控、智能交通、人脸识别、智能制造等领域，为社会提供了更高效的智能化解决方案。

当然，四家企业在利用智能技术提供智能化解决方案上都有其各自的侧重点。旷视科技致力于通过软硬件结合的解决方案，构建人工智能基础设施，构建联结及赋能百亿物联网设备的人工智能基础设施；商汤科技的投入方向是构建云计算平台，AI计算平台的搭建会为未来的业务场景垂直奠定坚实的基础；依图科技在面向C端客户的图像处理和优化方面做得比较好，“图像+语音”双线推进并布局AI芯片，在理解终端用户体验方面走在前列；云从科技将发展方向定位在人机协同操作系统，其可以提供人机协同相关算力、算法、数据管理能力和应用接口，从而构建自己的生态闭环。具体而言，以旷视为例，旷视科技此前基于其人脸识别核心技术，参与了御泥坊高端面膜的个性化定制服务。人们借助旷视科技的人脸识别技术，通过扫描自己的面部特征，获取准确的脸型数据。基于这些数据，御泥坊可以定制出符合用户脸型的面膜尺寸，以确保面膜与用户面部的贴合度更高，从而提供更好的护肤效果。如今旷视科技钻研AI视觉技术并在此基础上不断创新，其中不乏“瞬时相机”“VR裸手交互”“低功耗嵌入式L2自动驾驶方案”等有望在未来改变我们生产和生活方式的应用。

通过这四家企业我们可以看出原生型智能企业全都是产学研结合的典范，每家企业都有国内外著名科研机构的技术信誉备份，创始人均为技术领头人，且其业务起点容易促进智能技术在特定行业的沉淀。重视软硬件一体化开发也是原生型智能企业的一大特点，从芯片到设备，从云计算平台到开源算法再到场景应用，开发过程需要非常综合的能力。同时四小龙企业全都是锤子思维：集中精力做好智能工具，即锤子，然后再寻找场景，即钉子。所以智能经济下的原生型智能企业是明显的技术主导逻辑，通过技术不断更新迭代，从而创造出新的价值。

第二类转基因型智能企业是指那些传统企业在发展过程中通过引入智能化技术进行转型升级的企业。这类企业通常是在市场竞争中意识到智能化的重要性，并主动采取行动进行转型，通过引入智能化技术，如人工智能、物联网等，来提升企业的效率和竞争力。目前所有产业都是智能经济推广进化的对象。以人工智能技术为代表的高新科技正在对传统经济进行革新，使传统的一、二、三产业转变为数字化、自动化、无人化、高效化等特征的智能产业。这个智能产业还朝着一、二、三产业一体化、融合化、重组化的方向发展，一、二、三产业的界限不再清晰，而是混合发展，统一形成一个智能物质生产产业，通过智能化高新技术，为人类生产物质资料和生活资料，解决人类生存发展的需要。

国家电网公司始终高度重视智能化“转基因”改造，将数字化、智能化融入电网业务、生产一线、产业生态。国家正在积极推进智能电网建设，以提高电力系统的智能化水平，在电网规划、建设、调度、运行、检修等全环节推进数字化、智能化管控。像正在推广的应用图数一体、在线交互的“网上电网”，对各电压等级电网在线可视化诊断平台、智能规划和精准投资进行强有力的支撑。同时，国家电网还在进行智能能源服务平台的构建，以提供更高效、更便捷的能源服务。他们通过打造融合线上线下服务的“网上国网”平台，全面推行了线上办电、缴费、查询等一百余项业务功能。据统计，截至2021年平台累计注册用户数突破1.26亿，线上缴费9.8亿笔，金额1400亿元。

中国石油化工集团也是在不断引入智能化技术，在其业务、管理等方面进行转型升级的转基因型智能企业。在业务方面，中国石化公司积极推动了石油和石化工业互联网平台（ProMACE）的研发，同时也进行了智能工厂试点升级和智能加油站的推广实施。他们还建立了一体化生产调度指挥中心，大大提高了现场工作的处理效率，使得操作合格率从原来的90.7%一下子飙升到了99%以上。中国石化利用大数据、云计算、移动支付、物联网等技术手段，将加油站打造成集人、车、生活为一体的综合型服务驿站。不仅如此，在管理方面，中国石化研发了中国首个公司级管线管理系统，即中国石化智能化管线管理系统，实现了油气集输数字化、可视化、智能化管理。这个管理系统通过三维建模、全景影像、视频监控等可视化技术手段，使地下管线可视、地面站库多维度显示，已覆盖近4万千米油气管线，显著提升管道隐患治理和应急响应能力。

通过前面两个转基因型智能企业的例子，我们不难发现传统企业的智能化改造能够帮助其提高生产效率，降低成本，促进企业的转型升级和高质量发展。同时，智能化改造还可以推动能源结构的优化和调整，促进清洁能源的发展和利用，推动能源行业的可持续发展。简单来说，智能化改造就是让企业不仅能够更聪明更高效，还能为智能经济建设作出更多的贡献。

可以预见的是，智能技术的广泛应用将会推动微观层面的智能商业的发展、演化和扩散，进而带动中观层面的智能产业和产业的智能化，最终让宏观层面的智能经济的形貌显现。未来各种智慧应用场景下的平台不仅需要将云计算、大数据、人工智能等技术相融合，更需要成为现实世界和互联网经济之间的桥梁和纽带，从而使社会发展提速增效，助推智能经济蓬勃发展。

第二节　智能技术的经济价值

智能经济在未来势必会引起产学两界的高度关注，那么，智能何以经济呢？根据前文的分析，智能想要经济，就必须做到以更低的市场成本创造出更高的市场价值。具体而言，智能技术有望在海量数据洪流中提炼有价值的信息，以弥补我们在面对数据洪流时的注意力不足。例如，在生产过程中，智能技术能够通过预测性维护、智慧物流、设计仿真等方式，降低设备的运营和维护成本，减少原材料的损耗与浪费，从而优化物料与能源的使用效率，达到降低生产成本，提高生产效率的目的。

西门子作为制造行业的巨头，全球电子电气工程领域的领先企业，很早就意识到利用智能技术对工厂进行改造是制造企业培育竞争力的重要方向，因此，西门子前些年在德国建立的安贝格数字化工厂被誉为“工业4.0”模板。在安贝格工厂，西门子开发了一种数字产品通行证系统，可以节省大量纸张与塑料。其工厂利用基于区块链开发的软件系统来管理供应链全程的碳排放数据，在不披露供应链机密信息的前提下，实现了碳足迹相关信息可信共享，使生产的产品碳足迹完全透明。自2015年以来，安贝格工厂已经实现了约70%的产量增长，并减少49%的排放，西门子采用数字流程效率分析与评估工具，将实现正常产量所产生的范围1和范围2温室气体[①]排放量减少了69%，产品已逐步接近碳中和运行[②]。此外，尽管面临材料与能源危机，西门子安贝格工厂也成功将单位体积能耗降低了47%。在智能技术的帮助下，西门子安贝格工厂不仅完成了绿色生产，具备生态发展的可持续性，还实现了较高的端对端的数字化转型覆盖率，并完成了显著的价值创造，引领制造行业整体生态系统的建设。近年来，西门子又基于在中国的经验，从零开始，在南京打造了全球首座原生数字化工厂SNC。何谓原生数字化工厂？指的是该工厂采用数字孪生技术进行生产制造，在工业软件的虚拟环境中进行设计、仿真、验证等，借助该技术能够1:1模拟生产制造的情况，进而可以避免实际生产中出现问题而产生浪费。在以往生产过程中，工人往往需要花费很多时间去发现工厂设计、产线设计与机器设计等过程中的缺陷，而数字孪生技术则可以直接帮助工人在虚拟空间查找问题，然后直接去实际环境中纠正设计上的缺陷，再投入机器设备，建设厂房，大大节省了纠错成本与生产时间。相比西门子旗下普通工厂，南京原生数字化工厂产能提高近两倍，生产效率提升20%，柔性生产力提升30%，产品上市时间缩短近20%，空间利用率提升40%，物料流转效率提升50%。

---

① “1、2、3”碳排放范围是一种衡量组织或个人碳足迹的分类方法，也被称为碳计量三级分离。它将碳排放源划分为三个范畴，根据排级的直接程度和可控性，帮助我们了解和管理碳排放。——校者注。

② 碳中和：节能减排术语。一般是指国家、企业、产品、活动或个人在一定时间内直接或间接产生的二氧化碳或温室气体排放总量，通过植树造林、节能减排等形式，以抵消自身产生的二氧化碳或温室气体排放量，实现正负抵消，达到相对“零排放”。—— 校者注。

智能技术在制造行业中不仅可以帮助工厂降本增效，提升生产效率，同时还能确保生产过程中的可持续性，实现绿色生产。当然，智能技术不只在工厂发光发热，在当下各大App上也能帮助用户去甄别和利用数据资源。消费者未来无须耗费大量工夫在不同购物平台上去比较选择数不清的商品了。

机器能够完全替人类来做决定，既贴心又简单。例如，京东电商基于特征、空间、时间三大维度建立了用户知识体系：在用户特征值上，能够了解用户的性别、年龄、购买力、购买偏好等；空间维度同样重要，如果把一个小区里所有用户的购买和网络行为综合在一起，就可以得到小区画像，有了这些信息之后，京东就能针对不同区域的用户提供个性化服务；而从时间维度上，京东商城有约12年数据，积累了大量用户的历史行为记录，京东能够基于长期的记录对用户画像进行丰富，及时挖掘客户兴趣。如此，京东通过时间、空间、特征等维度全面地理解用户，为每位用户进行个性化推荐。这种为用户量身定制的个性化推荐能够曝光更多货品，从而留住剩余未跳转流量进行商品售卖进而实现价值最大化。

在各大电商App中，智能技术能够帮助商品实现价值最大化，使商品尽可能地曝光在更多用户界面中，而在配送领域中，智能技术为平台实现了路径的最优选择，为平台降本增效，提高消费者服务满意度。外卖已成为大多数人日常生活中不可或缺的一部分，路上听着语音导航匆忙飞驰的外卖员已成为城市随处可见的风景线，但是外卖员是如何知道自己应该配送哪个订单，又怎样去选择路线呢？

我国的即时配送业务在当下产值已超千亿，是当前物流行业里增速最快的细分领域。外卖行业的高速发展向整个配送服务领域提出了极大的挑战，使消费者对时效有更高的期待。市场调查数据显示，在超过2500万单的日完成订单量中，至少上百万的订单来源于非餐市场，如超市、菜市场、便利店等，消费者在找到一个价格在接受范围内的跑腿替代方案时，便不再愿意亲自下楼跑一趟。在即时配送这个领域，美团做到了极致：在美团构建的遍布全国的实体网络中有包括前置仓在内的近万家配送站点，服务于360多万商家和4亿多用户，覆盖2800余座市县，日活跃配送骑手超过60万人，但具体到每笔订单上时，骑手接到路径指令是规划引擎在0.55秒钟以内选出的，单笔订单的平均配送时长为30分钟。庞大的订单数量与极短的路径规划时间形成了鲜明对比，而这背后的操纵者，是美团开发了四年的“美团超脑即时配送系统”。在各个城市，“超脑”首先根据各时段的订单密度、餐厅分布情况，建立起最合适的站点网络与骑手人数规划，同时，根据骑手的位置、餐厅与用户的位置进行筛选匹配，确定每位骑手的订单处在送餐舒适区内。同时，“超脑”的地图技术与情感感知技术也能够对外卖配送过程中的各种因素，如骑手位置、商家出餐、交付难度、天气路况、未来单量等进行精确预测与优化。在“超脑”建设完成之前，骑手需要站点的站长进行人工调度，不仅效率低且成本高，而现在大大提高了骑手的送餐效率，并降低了骑手送错、不认路等因素风险，使平均送餐时间由之前一小时缩短到现在的30分钟。并且，美团“超脑”能够根据新的数据与人工经验，反复深度学习并自优化模型，其调配的速度与准确率是人脑远远无法达到的。而配送业务的高频性与特殊性，又为美团提供了一个动态的超级数据库，每日可提供40亿次的数据上报。“超脑”的诞生不仅减少了骑手的送餐时间和用户的等待时间，也帮助美团完成了配送业务的迅速扩张，抢占外卖市场，使美团成为即时配送业务中的领头羊。

未来能够创造经济价值的智能科技研发创新活动和产生的智能技术产品将会愈加重要，该类智能技术能够直接推动全社会智能经济的发展，在这一层级的主体是我国的互联网高新科技公司。例如，百度以人工智能为核心，开发百度大脑、飞桨、百度智能云、Apollo等AI平台，将人工智能与现有基础设施进行融合升级，在智能交通方面占领一席之地，为创新基础设施垫下基石。而阿里巴巴则率先展开云计算，在新基建方面发挥巨大作用，除了阿里云，阿里巴巴还贡献出达摩院、钉钉、城市大脑等数字化矩阵，将内部的技术、商业、服务体系打通，形成了具有阿里风格的“商业操作系统”。腾讯以社交连接为基石，向产业互联网的大方向打造了腾讯云、腾讯会议、企业微信等产品，其核心优势正在于C端的“数字化”。华为主打通信技术，首先研发出了5G技术，为智能经济提供全新的关键基础设施。除新基建外，工业基础设施、交通基础设施、电力基础设施以及城市基础设施等物理层面的基础设施，都将以5G连接，未来传统基建将逐渐成为适应数字经济与实体经济融合发展需要的信息基础设施体系。

以智能技术的应用为前提，未来将会诞生无数智能原生企业。就跟现在一个企业创立之初就有电力和网络接入一样，未来的企业一创办就是智能的或者是可以接入智能资源的，要么智能企业，要么无业可企！

智能办公、智能管理、智能采购、智能销售、智能运营，未来的企业里，这些东西就跟现在的企业用电一样普及。再者，围绕这些智能应用，将会有大量的智能产业诞生，他们都是智能原生产业。

在不远的将来，在低成本创造新价值的基础上，智能应用、智能企业和智能产业将共同塑造出全新的智能经济，更加颠覆我们的社会和经济生活。

第三节　正反馈效应

反馈这个概念最早来自物理学，指在放大电路中将输入电路的一部分能量，通过反馈网络再引回到放大电路的输入端，从而增强或减弱输入信号的效应。后来反馈效应的概念被引入心理学中，研究人员发现，在人的学习过程中如果学习者能够了解到自己的学习结果（通过测试等方式），学习者将会进一步强化学习过程，提升学习效率，获得更好的学习效果。而反馈效应同样还能够在人工智能的学习过程中有所体现，一个典型的例子就是反馈神经网络，BP神经网络的核心思想就是反馈误差。在反馈神经网络中，当输入经过神经网络得到一组预测值，算法会将预测值与实际值比较并得到一组预测值与实际值之间的误差，而这组误差将被反向传回神经网络中，形成对神经网络的一种反馈，算法会根据这个反馈来调整神经网络中的权重参数，并不断重读上述过程，从而使得模型预测值不断接近真实值。

智能经济的发展来自于反馈效应，只有形成反馈效应，基于数据反馈持续地优化、反馈、再优化，才能够从一个单一的智能体或智能系统发展形成智能经济。智能体，也就是某种智能系统，要有一个或多个场景或技能，之后就是持续反馈，越使用越聪明。反馈效应是智能经济的核心逻辑，判断一种经济形态是否属于智能经济，就看有没有产生基于数据的反馈效应。比如说当前最火热的自动驾驶汽车，其发展模式就完全遵循着智能经济反馈效应。首先车企将智能驾驶汽车投入市场，由用户将智能驾驶汽车开上道路，在用户驾驶的过程中，车上的各个传感器不断收集着包括道路场景、驾驶员驾驶习惯等各项数据，这些数据被传回到车企，用以训练更好的智能驾驶算法，更成熟的算法为客户带来了更好的驾驶体验，进而为车企带来更多的用户，这意味着有更多的智能驾驶汽车被开上道路，反馈回更多的数据，形成一个持续的正反馈循环（见图4-3）。其中较为典型的案例是特斯拉开发的专注于驾驶领域人工神经网络，其将自身定位为一名专职云端司机。对于一个神经网络而言，最关键的是具有一个数量大且质量高的训练集，而从大量行驶在道路上的特斯拉智能车中源源不断返回的行车数据完美构成了这个训练集，数据量大且多样化，能够包含来自世界各地的各种场景和各种路况。在影子模式的支持下，特斯拉全球百万车队每时每刻的行车数据都成为这位云端老司机提升自身驾驶能力的养分。时至今日，特斯拉Autopilot已经能瞬间完成道路上各种动静目标、道路标识、交通符号的语义识别，反应速度甚至比人脑条件反射更快。

自动驾驶汽车是一个典型的智能经济产物，通过收集用户驾驶数据，形成动态训练集，再不断完善其智能驾驶水平，这也展现出人工智能技术在交通领域中的重大价值与潜力。自动驾驶汽车并不是智能经济的唯一案例，当下还有许多不同类型的人工智能企业在价值创造过程中均遵循正反馈效应，这些企业通过构建智能平台与用户达成交互，平台在接收到源源不断的用户数据后，对数据进行挖掘与分析，之后再反馈给平台，以期实现企业的智能化转型升级。然而，不同类别行业下的企业所关注的重点也有所不同，具体可分为如下三种。

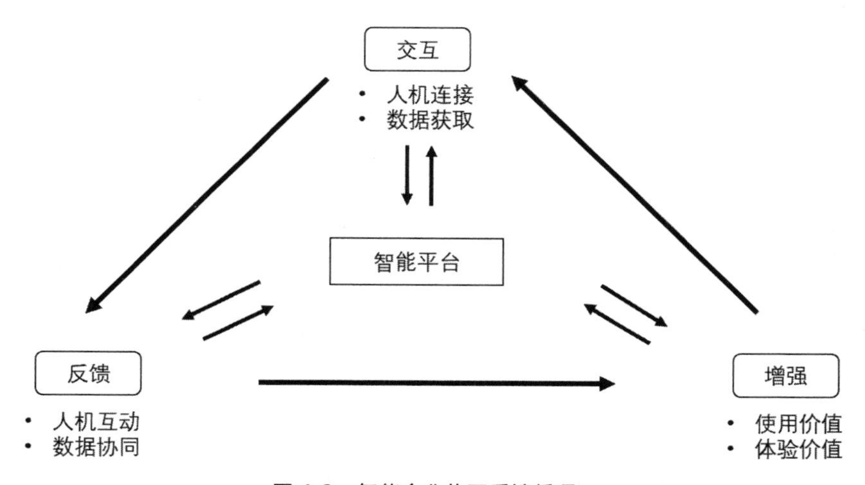

图 4-3　智能企业的正反馈循环

第一，以交互、反馈为重点的企业。此类企业基本模式是通过构建智能平台实现与用户的智能交互与智能反馈，并以改进反馈环节作为非线性价值共创重要内容。这类智能平台的典型功能是个性化推荐算法，因此需要获取大量的交互数据。以亚马逊为例，购物平台能够收集海量用户数据，其再利用算法将这些数据进行分析，从而为用户提供个性化推荐，增强用户的购物体验。根据亚马逊的市场调查，有57%的客户认为亚马逊为他们提供了更精确的产品推荐，改善了整体购物体验。同样，购物数据也体现出亚马逊个性化推荐的优势：亚马逊每年有超过1亿的活跃用户，其算法推荐为销售额带来超过30%的增长。此外，与亚马逊相似的平台还有网飞Netflix。Netflix的一切策略均为数据驱动，并由智能AI算法提供决策性支持。在个性化推荐上，Netflix做到了极致，该公司通过查看并使用用户的浏览数据、搜索历史记录、评分数据，以及对应的日期与时间等，并通过用户使用的设备来判断应当推荐给此用户的内容。同时，Netflix还为每一位用户定制了独特化的主页，此主页上显示了该公司认为最能满足该用户兴趣且能增强用户体验的内容。并且，该主页内容会即时变化，如果用户深夜登录Netflix，那么此时平台推荐的内容将是时长较短或用户之前看过一大半的节目，个性化的推荐与即时的内容变动令大量用户成为Netflix的“回头客”。

第二，以交互、增强为重点的企业。此类企业的基本模式是结合智能交互，通过智能平台不断增强用户价值来引领顾客需求。这类企业的重点是洞察用户需求，因此需要提供相应的人工智能服务，并不断完善与调整智能算法，以期精准实现用户需求。此类企业的典型产品包括虚拟助手、语音识别、智能客服等。平安集团基于平安云平台开发出基于AI人工智能技术算法的智能客服系统，为保险、银行等金融业务提供智能问答技术。平安智能客服系统可以按照最优算法自动分配，也可按照客户指示处理呼叫。平安机器人基于深度语义理解的知识库检索，准确率能高达96%。在日常场景中，若客户在对话框中输入错别字或拼音，客服机器人能够基于深度语义理解，自动纠正错别字，并联系语句识别出拼音，从而推送出客户想要了解到的信息。同时，客服机器人也能够为客户提供全套的智能客服解决方案，通过整合客户画像，深入了解客户，为客户服务做准备。在为客户服务中，机器客服与人工客服协同配合，机器客服能够为人工客服提供语义理解与情感甄别等服务，协助人工客服快速应对业务，并且机器客服还能够实时监控服务质量，以提升客户满意度及用户体验。当前，平安客服云已整合多项前沿新技术，在金融领域中实战无数，经验丰富，在金融智能客服领域中独占大头。

第三，以反馈、增强为重点的企业。此类企业无须过于关注用户交互，而应更注重数据反馈和人机交互体验以及增强本企业智能平台的能力。这类企业以智能制造为核心，如工业机器人、智能物流等。Asea Brown Boveri（ABB）是瑞士一家工业自动化巨头，全球领先的电力与自动化技术公司。ABB在工业机器人具有显著的成就。该公司的工业机器人广泛应用于汽车制造、电子产品组装、医药生产等领域，能够提高生产效率与产品质量。在ABB推出的解决方案中，借助可连接的机器人、制造执行系统、能耗评估、远程监控和优化等功能，可帮助工厂提高200%生产力，能耗降低30%，设备寿命延长30%。ABB推出的机器人具有超高的灵活性与精确度，能够帮助完成焊接、搬运、装备等多种任务，帮助企业实现自动化生产，从而提高生产效率和竞争力。纵观国内，在智能机器人技术行业领先的企业是达闼科技，它是一家专注于云端智能机器人的创新型企业。旗下的智能零售机器人能够采用视觉识别的方式，通过在柜体门框布置摄像头和传感器，采用“识别取出”模式实现产品售卖，商品品类不再是性能短板，消费者甚至可以任意取放商品，从而大大提高空间利用率，同时，此零售机器人识别准确率达到99.9%，为企业减少60%—70%的运营成本，同时扩展了运营时间与运营场地，零售机器人可以24小时为消费者提供服务，在机场、酒店大厅、地铁站等多个场景都能看到它的身影，从而真正有效地降低整体运营成本。对于这类企业来说，智能技术底层的硬件能力十分重要，利用人工智能技术提高生产效率，降低成本，从而实现智能化生产。

交互是智能企业在智能经济中实现价值创造的企业，企业需要尽可能多地去创造用户触达点，来获取尽可能多而又精准详细的用户数据；而反馈是其中最重要的一环，在这个过程中，智能企业需要不断完善智能算法，基于数据协同增强技能，为用户提供更好的体验。智能经济的发展来自于反馈，只有不断从数据中汲取、优化、反馈、再优化、再反馈……不停重复整个过程，才能够从一个单一的智能体或智能系统发展形成智能经济。

第二部分

企业篇

第 五 章

互联网时代的商业逻辑：流量变现

第一节　互联网商业模式演变

当技术可以以更低的成本创造更高价值的时候，技术的经济意义就会得以显现。然而，想要真正做到这一点，还需要完成从技术到产业的"惊险一跳"。一项技术之所以能够成为产业，关键是要为这项技术找到可以持续赚钱的办法。

我们可以通过互联网的例子来理解这个过程（见图5-1）。在20世纪50年代美苏争霸之时，苏联发射的第一颗人造卫星引起了美国的恐慌，对此，美国国防部急需一个分散的指挥系统，以便当部分指挥点被摧毁后，其他指挥点仍能正常工作。美国国防部很快就批准了一个耗资巨大的项目——组建一个计算机网络ARPANET（又称阿帕网）。截至1969年，"阿帕网"已在美国有了4个初始节点，并通过分组交换技术实现了相互连接。经过十几年的发展，"阿帕网"主要服务于学术科研与国防军事，只有一小部分开放给民间商用，而用于民间的"阿帕网"则改为今天的互联网。1989年，被誉为互联网之父的蒂姆·伯纳斯·李提出了万维网的设想，由此打开了消费互联网的大门。

然而，完成惊险一跳并非易事，怎样才能依靠新兴的互联网技术实现独特的商业模式，这在当时是一个难题。许多企业家对此进行了实践，但都水花不大，直到以雅虎为代表的伟大的互联网公司出现，才真正为互联网找到了可以持续赚钱的办法。而这种办法就是将传统广告业加到互联网，从而实现了广告业的模式蝶变。互联网广告以效果付费的方式，颠覆了过去的千次曝光模式，实现了对传统广告业的降维打击，线下广告费纷纷转移到线上，雅虎第一次为互联网找到了可以持续赚钱的方式，也使得技术得以成为产业。之后，谷歌进一步升级了雅虎的效果付费，推出了自动化效果付费，也就是关键词竞价排名的方式，让谷歌变成了一台自动印钞机。这两家代表企业对传统广告业的互联网化改造引发了互联网作为产业的第一波发展浪潮，将广告业第一次真正带入有效点击的时代，并顺利找到流量变现方式，为互联网奠定了基本的经济准则。

在消费互联网时代，各大平台通过流量来盈利，而流量见顶也使消费互联网的红利消失殆尽。那么，互联网下一个发展的路口又在哪里呢？当今时代是一个正处于互联网新技术和各行各业加快融合并孕育变革的时代，以云计算、大数据、物联网和人工智能为主要标志的新一代信息技术正在迅速发展。依托数字化转型，实现传统企业与互联网深度融合的产业互联网正逐步走进大众的视野。产业互联网是一种新的经济形态，通过利用信息技术与互联网平台，充分发挥互联网在生产要素配置中的优化和集成作用，实现互联网与传统产业深度融合，将互联网的创新应用成果深化于国家经济、科技、军事、民生等各项经济社会领域中，最终提升国家的生产力。由此可见，发展产业互联网的目的在于促进实体经济的创新与变革，利用新兴互联网技术帮助实体经济提高供给质量，提高生产效率，加快响应市场速度等。而对于身处实体经济的各企业来说，最需要做的是把握数字经济发展机遇，通过提升科学技术实现企业创新，顺应产业数字化和数字产业化潮流，加快产业互联网的建设，为实体经济转型升级保驾护航。

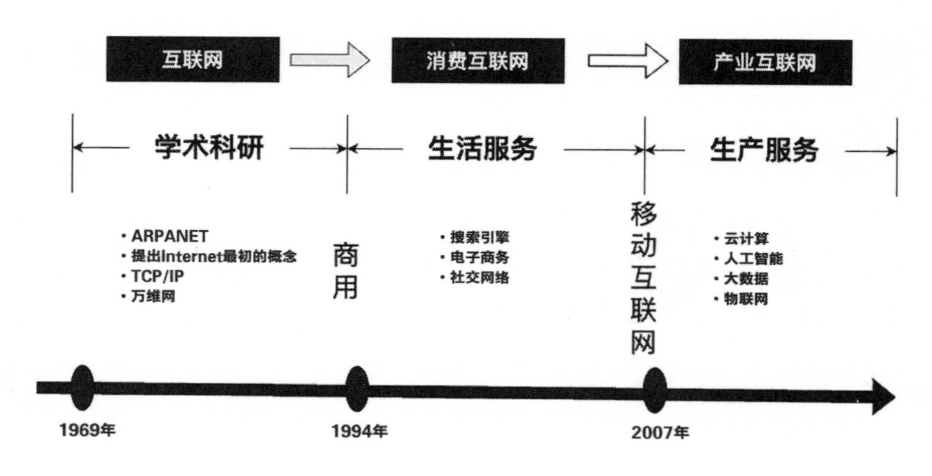

图 5-1　互联网发展史

总的来说，中国企业在未来必然走向数字化的道路，消费互联网也将逐渐转型升级为产业互联网，而其中充满了机遇，最后花落谁家，让我们拭目以待。

第二节　用流量换收入

一旦消费互联网和商业结合在一起，就是一场围绕着从流量到变现持续演化的无限游戏。在互联网发展的20多年里，绝大部分有所成就的企业在流量分发能力、交易成交能力或是终端变现产品聚合供应能力这三者中，至少拥有一种自己的核心竞争力。在技术发展之下，互联网在各种流量场景和变现场景探索了20多年，几乎一切互联网公司的商业发展和新成就都可以归结为其在“流量—变现”逻辑上进行了某种重要开创性创新或重构。在流量场景下，互联网企业大致可分为以下四种类型。第一种类型，如微信、抖音、美团、百度和淘宝这类App，已经在内容消费、社交和日常刚需消费这类高频需求上占据了大众流量入口，其拥有日均数亿以上级别的流量分发能力，并且构建了稳定的交易成交场景，能够自主运营或开放给第三方围绕着“流量—成交”进行运营的大平台生态级公司。第二类如知识付费、读书、招聘网站等方面的App，主要围绕着某一类人群的特定需求，面向这类小众垂直人群提供特定内容和服务，形成自己的“变现—商业运营”闭环的垂直人群服务平台。这类平台从最前端的聚合流量，到最后端的增值服务提供、垂直电商运营等实现了全链路打通，从对每类人群或者每个品类的深耕中也能获取不错的收益。第三类是基于特定大流量平台或生态，重点建设各种核心流量管道，面向上游整合各种资源和聚合流量，面向下游商家售卖和进行二次流量分发的“流量中间商”，像MCN、各种社群、私域流量运营公司都属于这一类。第四类是一些自营品牌电商、连锁餐饮品牌等，它们在特定品类下从供给侧切入，重点做好变现产品供给的变现产品运营商。

现在，我们可以一起回顾在过去20多年里中国消费互联网的“流量—变现”演化史，梳理下互联网“流量—变现”格局是如何形成的（见图5-2）。

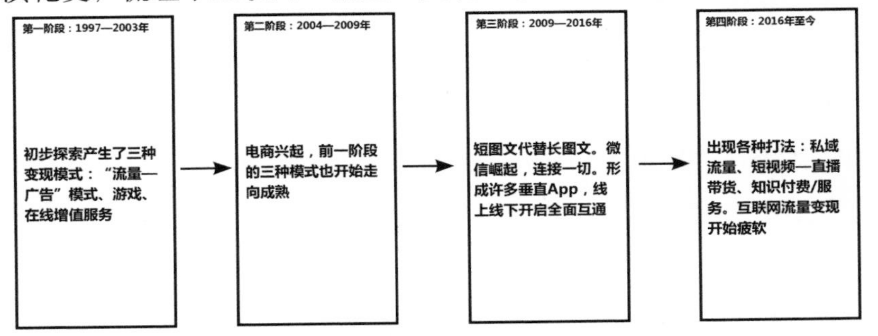

图5-2　中国消费互联网的“流量—变现”演化史

第一阶段，1997—2003年。这一阶段互联网正处于早期发展的阶段，虽然在这7年内，网民人数由30万增加到接近2200万，但从总量上来讲，也只有很小一部分人群能接触到互联网。同样，此时的互联网提供的内容单一，其核心流量入口主要依靠门户网站、搜索引擎与导航，中小流量入口则是各种BBS、个人博客等。此时，新浪、搜狐与网易三大门户网站占据了主导地位。尽管这一阶段的互联网与商业的结合模式稍显稚嫩，但正在逐步摸索互联网"流量—变现"的各种模式：第一个被验证的是"流量—广告模式"，新浪凭借对1998年世界杯的大规模报道，成功获得18万元的广告收入。第二个被验证的模式是游戏。2001年，《传奇》网游上线，仅仅用了一年时间就成为风靡全国的现象级网游，《传奇》网游的成功造就了盛大网络公司，从此，国内网游的黄金时代正式拉开序幕，游戏成为互联网业内变现效率最高的产品。第三个被验证的模式是"流量—增值服务变现"，2000年，国内最大的在线棋牌游戏运营商联众世界推出了付费增值服务——用户通过充值会员来获得在线个人形象美化等个性化表情动作等特权。联众验证了一个现实：如果互联网的虚拟服务设计得当，消费者是愿意为此下单的。在这一阶段里，互联网流量从最初无人问津到被商业质疑，最后获得初步认可。然而，此阶段的流量变现模式非常幼稚，互联网企业也在不断摸索，直到谷歌创建广告联盟后，大家才逐步有了流量广告联盟意识，把众多分散在各处的流量当作广告资源整合起来，再进行销售、运营和分成。并且在这一阶段，线上与线下流量是完全割裂的，没有进行任何联动。

第二阶段，2004—2009年。在这一阶段，PC端互联网全面开花，中国网民人数由2200万增长到3.84亿，电商逐渐成为中国互联网版图下举足轻重式的存在，各种PC互联网时代的“流量—变现”玩法日趋成熟，而伴随着3G技术和智能手机的发展，移动互联网的时代也悄然临近，这是属于互联网时代的黄金时代。与此同时，淘宝的上线，创造了新的流量变现模式，使电商成为互联网流量世界里最典型和最有效的变现主体，整个互联网“流量—变现”生态更加立体与繁荣。在这个阶段，“流量—广告变现”“游戏—变现”与“流量—在线增值服务变现”这三种最初被发掘出来的变现模式也全面进入发展期，从稚嫩走向成熟，整个互联网世界逐步形成了“流量入口—流量管道—交易成交场景—终端变现出口”的基本格局，这也造就了百度、腾讯、阿里和盛大在PC互联网时代的崛起。

第三阶段，2009—2016年。这期间称为移动互联网上半场，在这一阶段，PC互联网全面向移动互联网过渡，互联网网民人数由3.84亿增长到7.5亿左右，虽然增幅没有前两个阶段的网民增长快，但由于智能手机的普及，用户的平均在线时长又有了进一步的增长。新浪微博凭借短图文代替了过去的BBS及门户网站的长图文，成为一种新的内容媒介，140字的微博短图文涌现了一大批内容创作者，他们通过微博平台获益。在这个阶段，信息流逐步崛起，在流量分发效率上，已经显著超过了过去主流的“导航分类索引+搜索”相结合的模式。2013年，微信开始崛起，并逐步蚕食微博在移动端占据的用户时间，微信的发展逻辑与之前QQ的逻辑一样，占据用户大量的熟人关系链，通过公众号、社群、朋友圈、小程序，微信一步步成为一个能够连接一切的超级App。在这个阶段，移动互联网的全面发展，在移动端形成了很多更垂直的流量入口，在健身、母婴、美妆等领域都有了用户体量巨大的垂直App。同时，变现侧发生了一个重要的变化：移动互联网的发展使得线上流量与线下各种消费、服务之间第一次能够实现全面打通，线上的流量第一次能够无任何阻碍地顺畅转化为线下商家的收入和利润，线上线下开启了全面互通的时代。

第四阶段，2016年至今。这是移动互联网下半场阶段，在这一阶段，流量红利显著减少，表现为新出现的有代表性的App变少，整个互联网从流量到变现之间的连接在这一阶段成熟起来。首先，整个微信生态更加完善，包括社群、企业微信、视频号、小程序和小商店等在内的多种能力逐一上线，私域流量一词开始流行，很多独立导购类App不再有独立存在的空间和必要。导购这种事，借助私域、社群来做，其维护成本和运营效率比单独导购App划算得多。一时间，全网引流、私域成交逐渐成为很多商家和品牌的一种标配打法，私域成为一种非常主流的交易成交场景而存在于互联网世界中。之后，围绕着流量的生产和分发，也出现了一些全新的特别值得关注的事物。算法推荐作为一种更加高效的流量分发引擎，造就了字节跳动这家公司迅速崛起，2018年之后，短视频作为一种全新的内容媒介得到了更大范围的普及，抖音、快手作为大型流量入口崛起，尤其是抖音，在2021年，日活跃用户数量已然高达7亿。短视频的迅速崛起也使得直播带货作为一种非常高效的交易成交场景迅速出现，由头部主播主持的一场又一场交易流水过亿元的直播带货让人目不暇接，也让“短视频—直播带货”成为大量商家和品牌除私域流量外的另一种核心打法。“短视频+直播带货”显著放大了人在流量获取和交易撮合促成中的权重。一个优秀的主播，在流量获取和交易带货能力方面是具有天然优势的，因此，MCN（多频道网络）也逐步作为一种商业模式普及。其实，我们也可以将MCN理解为一种在短视频新流量时代下的流量联盟。在这一时期，又一种新的主流变现方式——知识付费/服务在移动互联网登场了。2017年，知乎推出“值乎”和“知乎Live”，上线了付费订阅专栏，取得了现象级或里程碑级的成果，这一年被人称为知识付费元年。通过课程和其他知识服务进行变现，成为诸多个体知识博主考虑变现时的首选项，为个体在互联网空间的发展提供了更多的可能性。同时，新冠疫情的冲击导致实体经济衰退，线下世界也逐渐出现了一个趋势：曾经以商场为中心的线下流量生态里出现了显著的聚集效应。一些超大型的商场占据了更多的线下流量，更多中小型商场的生存空间受到挤压，纷纷关停或者转型，因此，完全依赖选址和线下自然流量来做生意赚钱的模式很难实现突破。在这一阶段，所有的流量变现模式已经被探索完毕，流量红利的优势也逐渐褪去，互联网“流量—变现”能力逐渐疲软。

在回顾上述消费互联网“流量—变现”大生态的演化全过程中，我们能够深刻感受到每一个时代都有不同的趋势，只有能够提前感知预判整个“流量—变现”格局里到底是什么发生了变化，才会更容易分辨出机会在哪里，才能获得成功。目前，流量入口格局已定，BAT三大巨头把持了移动互联网四分之三的流量入口，再加上各种生态布局，对流量的加工十分深入，意味着流量变现的基本逻辑已经红利殆尽，需要开辟新的收入蓝海，当然也需要构建新的基本逻辑。现在，所有的互联网人都应该思考一个问题：互联网下一阶段发展的方向是什么？

第三节　流量变现的六种模式

正如前文所说，互联网发展到这个阶段，流量变现模式已经被探索得差不多了，消费互联网比较常见的流量变现模式主要有广告变现、商品交易变现、增值服务变现、直播变现、知识付费变现、线下引流变现等。在这个阶段，企业的变现模式不太可能再翻出太多新的花样，历经消费互联网洗礼的各位企业家们，已经开始寻找一条新的区别于消费互联网的道路了，而这条道路就必然抛弃流量思维，构建新的变现模式。

那么，产业互联网能接过消费互联网这一接力棒吗？答案是肯定的。当前，我国大部分传统产业链条过长，产业链上的从业者数量，量级小且较为分散，因此存在信息不对称、生产水平落后、整体效率低下的现象，产业链发展严重不平衡、不充分，从而导致供给侧和需求侧失衡。同时，目前国内外经济缺乏新且持续的经济增长点，传统商业模式加速失灵，并伴随出现同行间竞争激烈、同质化现象凸显，企业面临高额成本、资金周转困难等痛点。虽然传统商业模式目前处于瓶颈期，信息技术却在加速发展，移动互联网、大数据、人工智能等技术逐步成熟并获得商业应用，物联网、虚拟现实、3D打印、区块链等技术蓄势待发。这些技术应用于以往消费互联网的领域时，能够增强人与人之间的连接，使实时连接成为可能，使广告营销活动更加精准，减少企业运营时效。更重要的是，除了加强人与人之间的连接，这些新兴技术还能不断推动人、基础设施、设备、产品、场景、服务等彼此之间的相互连接。万物互联不再只是想象，而是走进现实。

消费互联网发展的成熟带动消费持续升级，需求侧的升级又不断推动产业供给侧改革。因此，在产业供给侧的产业互联网平台型企业应运而生。一方面，使用新兴互联网技术对传统产业链进行整合优化，带动传统产业技术创新变革，进而提高生产效率，打通供销通道，去除冗余环节，并且通过信息连通和供需匹配，建立新模式下的产业价值网络连接。另一方面，以共享经济模式汇聚产业服务资源，对产业链上下游企业进行技术、金融等赋能，带动产业链整体转型升级。这种以互联网技术和思维推动的产业链整体结构优化正在成为各实体产业积极探索的方向。产业互联网对于供应链的创新和整个产业链的价值再创造，将成为智能制造强国、贸易强国的新战略，也会成为企业新的增长点和从产品到服务转型发展的新方向。

阿基米德曾经说过：给我一个支点，我能撬动整个地球。那产业互联网的支点是什么呢？要弄清楚这个问题，首先需要了解产业互联网的基本特征。第一，产业互联网的技术支撑更加广泛，不仅涵括了消费互联网的技术，还包含了新一代云大物智移（云计算、大数据、物联网、人工智能、移动互联网）等新兴技术。第二，产业互联网是为产业主体提供互联网相关技术服务的经济形态，是以企事业单位为主要用户、以生产经营活动为关键内容、以提升效率和优化配置为核心主题的互联网应用和创新，它是数字经济深化发展的高级阶段。广大中小企业可以借助产业互联网赋能，提升自己的生存能力，而产业互联网也必将重塑产业链，改变行业模式。第三,万物互联。产业互联网除了能将人与人联系起来，也能连接万物，这也能推动产业发生质的变化。

事物的发展都是螺旋上升的，纵观互联网的发展史，也是如此。在不同发展阶段中，互联网展示了不同的作用，发挥出不同的效能，每一次进步对社会、对产业、对企业都会造成翻天覆地的影响。未来，产业互联网的蓬勃发展会带来怎样的改变？数字化的过渡又会带来怎样的智能化社会呢？

第 六 章

智能时代的商业逻辑：数据增值

随着产业互联网的日益成熟，人工智能技术粉墨登场。当然，人工智能技术早已出现，甚至比互联网还早，人工智能技术因为互联网的普及而变得越来越具有经济意义，所以“智能经济”前景可期。那么，人工智能究竟要如何才能完成从技术到产业的惊险一跳呢？

如果说互联网的经济路径是“从流量到收入”的话，那么人工智能的经济路径将会是“从数据到价值”。在互联网流量变现的同时，互联网平台演化出了一座数据宝藏，在互联网时代，数据是流量的副产品，而到了智联网时代，数据变成了真正的业务主线。打开智能大门的核心在于如何让数据增值。

第一节　生产要素与价值创造

商业的本质就是价值创造，而价值的创造来自对生产要素的利用。从古至今，不管是农业时代还是工业时代，人类一直在探索一条更充分、更高效利用生产要素的道路，尝试利用有限的要素创造出更大的价值。19世纪初，法国经济学家萨伊提出了生产三要素论，将土地、劳动力和资本视为生产的三个基本要素，这一观点也被17世纪~19世纪初经济学家所沿用。

土地要素是指在生产过程中，地球上的土地表面、自然资源（如矿产、水资源和农田）及地理位置。土地作为生产要素在不同产业中有不同的用途，在价值创造中起着重要的作用。它可以用于农业、工业、住宅、商业和自然保护等，其位置、质量和稀缺性都对其价值和用途产生重要影响。土地要素以其独特的方式创造价值，这些价值体现在我们日常生活的方方面面。在农业上，土壤是农业的基础，农民可以通过在土地上种植作物和养殖动物来创造价值，肥沃的土壤可以提供丰富的养分，从而生产粮食，这对于人类的生存至关重要。矿物等自然资源，如煤、石油、天然气、金、银、铜和铁等，是许多重要工业的基础。在城市化进程中，土地被用于建设住宅、商业设施和公共设施，从而创造经济价值。以地产开发为例，首先，政府相关部门将分散的、低效的、不规则的土地进行重新整合、规划，提高土地的利用率和价值；而后由地产开发商或投资者购买或租赁土地，通过对土地进行改造、开发、建设等活动，提升土地的功能和品质，并通过出售、出租、运营等方式获取收益，或者将土地转让给其他主体，从而实现土地增值。同时，随着社会经济的发展和城市化进程，由于土地要素的稀缺性，土地的位置价值可能会愈发凸显，从而进一步提升土地价值。土地要素对我国的经济发展有着重要贡献，相关研究表明，在1997—2008年，土地要素对中国经济增长的贡献率达到了20%~30%，虽然随着我国城市化和工业化的逐步实现，土地要素对于经济增长的贡献率已逐渐降低，但它仍是我国经济的主要支撑。我国围绕土地要素出台了一系列产业政策，如《国土资源部 发展改革委 科技部 工业和信息化部 住房城乡建设部 商务部关于支持新产业新业态发展促进大众创业万众创新用地的意见》等，充分体现了土地要素对我国产业发展乃至经济发展的重要作用。

我们再把目光转向劳动力和资本要素。在现代制造业中，工业流水线是一个重要的生产模式，代表了劳动力和资本的有效结合。1913年，福特将创新理念和反向思维逻辑应用在汽车组装中，通过流水线将汽车组装工序分割成很多个细小的作业单元，每个工人只负责很小一部分装配作业，他们在固定的位置不断重复标准化动作。这种分工显著提高了工人或劳动者的劳动效率。每位工人专注于自己的任务，通过不断重复，他们可以在相对短的时间内完成大量产品。这种分工方式充分发挥了劳动力的专业性，从而提高了价值创造的效率。在这个过程中，资本同样发挥了重要作用，能够携带几吨重的汽车底盘并将其不断传送到每一个工人面前的传送设备，是整个工业流水线得以运转的基础，除此之外，还有一系列生产设备、机器以及原材料，它们同属于资本的一部分。流水线的出现，极大地提升了工人的劳动效率，进而极大地提升了生产效率，福特的工业流水线最终使每辆T型汽车的组装时间由原来的12小时28分缩短至10秒，生产效率提高了4488倍！这也让福特公司把汽车的价格削减了一半，降至每辆260美元，使汽车工业迅速崛起，成为美国的一大支柱产业，创造了巨大的价值。工业流水线明确展示了劳动力和资本如何协同创造价值：劳动力通过分工和专业化提高生产效率，而资本通过自动化技术提高生产效率，减少了错误和成本，这两者的协同作用推动了生产力的提高，最终创造了更多的价值。

三要素论在19世纪工业革命时期的经济思想中扮演了重要角色，然而，随着经济和社会的演进，人们意识到这一理论不足以全面反映生产过程的现实，各个国家的实践情况表明，经济的增长速率要大于生产要素投入的增长速率。为了解释在生产要素（劳动力、资本、土地）相同的情况下产出（GDP）的变化，经济学家罗伯特·索洛（Robert Solow）提出了全要素生产率（TFP）的概念，这个概念表示一个国家或一个产业在给定生产要素（劳动力、资本、土地）的基础上，通过技术进步和创新来提高产出的能力。由此，三要素论开始转为四要素论，技术要素被视为经济增长的关键。

互联网技术引领的商业模式变革是一个显著的案例，凸显了技术要素在价值创造的核心作用——互联网技术的快速普及和发展改变了商业世界的面貌。传统企业认为客户购买企业的产品或服务的行为总是独立于其他客户群体，但实际上，用户之间存在一定的社会关系，而互联网的出现使得客户之间的社会关系第一次能够清晰地展示出来。企业的营销人员可以通过网络和相关数据分析技术，分析企业、用户及公众之间的社会关系网络，判断传播中的关键节点，从而进行针对性营销，例如通过网络社区相关信息判断社区领袖，针对社区领袖的营销，可以通过领袖传递到整个社区，显著提高营销效率。通过网络、通信和数字媒体技术等方式，营销人员能够很好地向用户及公众传递有价值的信息与服务。另外，互联网技术带来了搜索引擎广告这种新的广告形式，使广告商能够选择关键词和关键字短语，以确保他们的广告在与其产品或服务相关的搜索中显示出来，从而增加曝光和点击率，提高了广告的有效性，减少了广告浪费。

随着信息革命和大数据技术的不断发展，数据要素已经成为现代经济的关键驱动因素，其对经济增长的重要性仍在不断增加。我国在2019年十九届四中全会上首次提出数据是一种生产要素；在2020年4月发布的《中共中央 国务院关于构建更加完善的要素市场化配置体制机制的意见》中，数据要素的地位进一步提升，与土地、劳动力、资本、技术并列，组成五大生产要素。为什么数据如此关键呢？从经济学的视角来看，国民收入是指物质生产部门劳动者在一定时期所创造的价值，是一个国家的生产要素所有者在一定时期内提供生产要素所得的报酬，即工资、利息、租金和利润等的总和。这表示，劳动、土地、资本等传统的生产要素对最终价值的贡献是有加成的。数据不同，它不在报酬的加数中，却能够同时大幅提升劳动者能力，加速资本周转，加速知识转化，推进技术进步，提高管理水平，它将变成每一项传统要素的乘数系数，对最终价值的贡献会在传统要素的基础上成倍提升。

以数据要素为主的价值创造已经给金融服务、数字广告、智慧城市领域带来了显著影响。通过使用大数据、人工智能和云计算等技术，产业更加智能，个性化，高效和可持续。数据不仅用于优化决策，还用于创造新的商业机会，提高产品和服务的质量，改善用户体验，实现可持续发展。在金融服务领域，数据要素的投入大幅降低了系统运行过程中的风险。金融机构使用大数据和先进的算法来评估借款人的信用风险，使得贷款决策更加准确，降低了不良贷款风险。同时，数据分析可用于检测金融欺诈行为，通过分析大量的交易和行为数据，金融机构可以及时发现不正当活动，从而降低欺诈风险，保护客户和自身的利益。除了规避风险，金融机构能够根据客户的金融历史和需求数据，提供高度个性化的金融产品和投资建议，增加客户满意度，帮助其实现财务目标。

数据要素的发展也带来了数据提供商、数据服务商等新角色，形成了全新的价值创造模式。数据提供商主要从各种来源采集、整理、储存和管理数据。这些数据可以来自互联网、传感器、企业内部系统、社交媒体等多个渠道，数据提供商通过数据清洗和预处理、标准化，以确保数据的质量和一致性。这包括去除重复数据，解决数据不一致性问题，以及将数据格式化为可用于分析的形式。数据提供商将数据以不同的方式如API（应用程序接口）、数据集下载、数据流等方式提供给包括企业、政府、研究机构等在国内的不同用户，从而获取收益。数据服务商则向客户出售云计算和云服务、数据分析和咨询服务等数字服务，从而帮助客户更好地利用数据，最大化释放数据要素机制。云计算和云服务能够帮助企业在云中存储和管理数据，同时提供基于云的应用程序和服务，从而降低企业管理、应用数据的成本；数据分析和咨询服务则是帮助企业分析他们的数据、制定策略并提供洞察，有助于企业更好地了解市场、客户需求和运营情况。

数据要素的投入，以及其衍生出的新的价值创造模式使得企业、政府和个体能够更好地应对现代社会的挑战，提高效率，改进决策，提高用户体验，促进创新，实现可持续发展。

第二节　数据要素的内涵与特征

随着数据在社会各领域的渗透，当前社会的运转和经济价值的创造已经一刻都离不开数据。是数据在指挥几千万辆出租车和专车行驶在道路上，是数据在指挥外卖小哥和快递员穿行在大街小巷，是数据在指挥工业机器昼夜运转，也是数据架起了人与人之间沟通的桥梁、交易的中介、生产协作的纽带、社会治理的韧带。

我国地大物博，人口众多，各种数据技术应用广泛，已经成为数据要素资源当之无愧的大国。根据IDC（互联网数据中心）的估算，我国的数据资源到2025年将达到48.6泽字节，占世界总量的27.8%，远超美国的17.5%。这意味着，在继人口红利之后，我国的数据红利正在蓄积。到2020年，我国网民数量已经突破9亿人，连续12年稳居全球第一。电子商务、社交应用、手机支付、游戏娱乐、本地生活服务业等各个数字经济领域都是世界最大的市场，这为我们加速利用数据要素奠定了坚实的基础。总量上，我国已经成为世界上规模最大的数字经济体，数字经济在GDP中的占比已经超过三分之一。近4年来，数据的社会韧带作用凸显，商业活动几乎命悬一线（网线），再次证明了数据要素在维系经济社会运转中的作用。可以说，对于大部分的中小企业而言，正是因为类似于腾讯、阿里、华为等各个大数据平台在近4年来的低成本数据赋能，才让这些企业得以停工不停业，停业不停服。从某种程度上说，是数据要素公共产品化让我们在新冠疫情期间维系了低水平的商业运转。

我国在2014年就已经开始认识并重视数据的价值，2014年就首次将“大数据”写入政府工作报告。2015年8月印发的《促进大数据发展行动纲要》中明确提出“数据已成为国家基础性战略资源”。2019年首次将数据列为生产要素后出台了一系列相关政策文件明确数据要素地位，加快数据要素市场化建设（见表6-1）。2022年12月，《中共中央 国务院关于构建数据基础制度更好发挥数据要素作用的意见》发布，该意见从数据产权、流通交易、收益分配、安全治理等方面构建了数据基础制度，并提出了20条政策举措，为我国数据要素发展指明了方向。

表6-1　数据要素相关政策文件

时间	文件名称	主要内容
2019年11月	《中共中央关于坚持和完善中国特色社会主义制度 推进国家治理体系和治理能力现代化若干重大问题的决定》	首次将“数据”列为生产要素，提出了“健全劳动、资本、土地、知识、技术、管理、数据等生产要素由市场评价贡献、按贡献决定报酬的机制”
2020年4月	《中共中央 国务院关于构建更加完善的要素市场化配置体制机制的意见》	将数据作为与土地、劳动力、资本、技术等传统要素并列的第五大生产要素，把数据作为一种新型生产要素写入国家政策文件中，提出要加快培育数据要素市场
2020年5月	《中共中央 国务院关于新时代加快完善社会主义市场经济体制的意见》	进一步加快培育发展数据要素市场，建立数据资源清单管理机制，完善数据权属界定、开放共享、交易流通等标准和措施，发挥社会数据资源价值。推进数字政府建设，加强数据有序共享，依法保护个人信息

续表

时间	文件名称	主要内容
2020年9月	《国务院办公厅关于以新业态新模式引领新型消费加快发展的意见》	提出安全有序推进数据商用；在健全安全保障体系的基础上，依法加强信息数据资源服务和监管；探索数据流通规则制度，有效破除数据壁垒和“孤岛”
2021年3月	《中华人民共和国国民经济和社会发展第十四个五年规划和2035年远景目标纲要》	要对完善数据要素产权性质、建立数据资源产权相关基础制度和标准规范、培育数据交易平台和市场主体等作出战略部署
2022年1月6日	《要素市场化配置综合改革试点总体方案》	建立健全数据流通交易规则。探索“原始数据不出域、数据可用不可见”的交易范式；探索建立数据用途和用量控制制度；规范培育数据交易市场主体
2022年1月12日	《国务院关于印发“十四五”数字经济发展规划的通知》	充分发挥数据要素作用。强化高质量数据要素供给，加快数据要素市场化流通，创新数据要素开发利用机制
2022年12月19日	《中共中央 国务院关于构建数据基础制度更好发挥数据要素作用的意见》	数据要素已成为数字经济深入发展的核心引擎

由此，我们可以归纳出数据要素具有以下几点特征。

一是数据具有无限性。数据的总量越来越倾向于无限，并且数据属于无形要素，这在要素稀缺性的衡量上会比较困难，毕竟稀缺性才是产生经济价值的源泉。这就意味着衡量数据要素的稀缺性，也就是对数据要素的价值进行评估、定价将会是未来要解决的重要问题。只有实现价值评估，数据要素才能进行市场交易，实现高效流通。

二是数据具有非竞争性。数据可以轻松复制、备份和传播，额外增加数据的使用者并不会减少现有使用者的效用，同一组数据可以被多个经济主体使用。

三是数据具有规模递增性。数据可以自我繁衍，拥有的数据越多越倾向于拥有更多，数据不会被消耗，只会随着使用而增多。而数据规模越大，种类越丰富，使用者越多，越能推动生产效率的提升。

四是数据要素是动态的，而非静态的。只有在动态使用的过程中才能真正发挥数据的价值，这是数据与传统的信息咨询类资源的最大区别，信息可以被复制粘贴，但数据倾向于被分析利用。

五是数据要素具有依赖性。数据要素不能独立创造价值。数据要素需要依附现代信息网络等载体，无法以独立的要素形态存在，必须与资本、技术、劳动力等传统要素有机融合才能实现其价值。

数据要素的这些特征意味着共享才能增值。不同于土地要素的升值逻辑，数据是在共享中完成价值提升的。各主体间的合作与数据共享能够显著增加数据的规模，同时整合不同主体所拥有的其他生产要素，实现数据要素与其他生产要素的融合与协同，进而提升数据要素的规模效应，促进数据要素价值的实现。

在我们对数据要素的内涵和特征有了深入了解之后，接下来就是构建数据增值模型，实现从数据到价值的跨越。

第三节　因数生智的路径

如果将数据到价值比作一个方程式，那么人工智能，就是方程式的反应条件和催化剂，数据时代，其实也可以称为人工智能时代。如果说规模效应是实体经济的依规，而网络效应是互联网经济的制胜法宝，那么智能经济的价值引擎就会是反馈效应。人工智能生于数据，反过来又触发数据的自我繁衍，更多的数据又进而推动人工智能算法的升级，带来更强的智能，智能又进一步触发数据的自我繁衍……这样的过程周而复始，螺旋上升。

20世纪70年代初，美国康奈尔大学贾里尼克教授在做语音识别研究时另辟蹊径，换了个角度思考问题：他将大量的数据输入计算机，让计算机进行快速匹配，通过大数据来提高语音识别率。于是复杂的智能问题转换成了简单的统计问题，处理统计数据正是计算机的强项。从此，学术界意识到，让计算机获得智能的钥匙其实是大数据，换句话说，智能就来自数据。如果说我们将人工智能算法比作人或者动物，那么数据就是食物；如果将它比作汽车或者其他机器，那么数据就是驱动它的燃料。食物越多，营养越高，人就能长得越高越壮；燃料越多，越纯，汽车就能跑得更远，更快。同样地，数据越多，质量越高，人工智能算法的准确率就越高，效果越好。机器学习中的监督学习（Supervised Learning）和半监督学习（Semi-supervised Learning）都要用标注好的数据进行训练，只有经过大量的训练，覆盖尽可能多的各种场景，才能得到一个良好的模型。以建立一个用来对评论内容所表达的情感进行打分的情感分类预测模型为例，当用1000条评论数据进行建模的时候，模型预测的正确率可能只有60%，而如果用5000条数据进行建模，就能让计算机在判断一条评论所表达情感积极与否时，准确率至少提升10%。而如果只用了对手机的评论数据训练模型，那可能就无法准确预测对洗衣机评论的情感类型，但当训练数据集包含了整个电商平台各种产品的大量评论数据，模型就可以同时预测手机、食品、衣服等各类产品的评论情感。可以说，人工智能应用的数据越多，得到的训练就越多，其获得的结果就越准确。更为重要的是，经过数据训练出来的人工智能又进一步帮助产生和利用更多的数据，以此不断提升分析的能力。

数据生成智能，智能又带来更多数据，这就形成了一个模式的闭环，并随着这个模式的运转，不断地螺旋上升，数据不断增加，智能不断提升。而且这个螺旋上升的过程是没有上限的，至少现在我们还没看到。首先，数据是不会被消耗的，正如我们前文探讨数据要素特征时所说，数据的总量是趋于无限的，驱动汽车的石油被消耗，越用越少，而驱动人工智能的数据却不会被消耗，甚至越用越多。另外，人工智能的成长是没有边界的，不同于食物之于动物，燃料之于汽车。动物对食物的获取是有上限的，汽车的速度也是有上限的，它们之间的正相关关系也都会在达到一定程度后显示出明显的边际效应。简单来说，单位时间耗油更多的车通常有更大的马力、更快的速度，但当马力、速度达到一定程度时，即使我们能为它提供更多的油，汽车也无法达到更高的速度。但是，人工智能对数据的需求是无限的，数据增加，智能就能继续增长。

目前，最有说服力的案例当属OpenAI公司，其基于大模型开发的ChatGPT取得了巨大的成功，实现了数据增值的商业模式。首先，OpenAI收集了海量的、大规模的文本数据集，其内容涵盖了互联网上的各种内容，包括新闻、评论、博客、社交媒体帖子等，这些多语言特性的数据集形成了ChatGPT的语料库，用来训练多语种模型。其次，在采用深度学习技术训练模型时，OpenAI使用了Transformer架构，利用收集的大规模数据集来训练这些模型，使其能够理解和生成自然语言文本。ChatGPT具有1750亿个参数，能够很好地执行自然语言处理任务，如文本生成、翻译、问题回答等。同时，模型并不是一成不变的，随着数据的增长，模型不断迭代，提高其性能、准确性与多功能性，通过持续的开发、训练工作，确保模型能够不断适应变化的信息与语言环境。这一持续的改进工作是ChatGPT如今能够在各行各业提供智能服务的关键因素之一。OpenAI在ChatGPT发布四个多月后，又正式推出了GPT-4，加入了图片识别功能，支持更长的输入与输出，并提高了推理能力。而GPT-4不只可以和用户聊天，还可以赋能物联网、智能家居、金融、教育等多个行业（见表6-2）。在以往的智能家居场景中，用户习惯通过语音助手来控制家中的智能设备，如“放大音量”“播放一首歌”“关上窗帘”等，但这种交互式的命令过于程序化，命令的话语稍微模糊一点，就会使语音助手理解不清，结果是最后不如手动操纵来得更快。而GPT-4与语音助手的结合，可以使语音助手更好地理解用户的指令，用户只需要用自然的语言与语音助手交流，就可以轻松地控制智能家居设备。同时，GPT-4能够学习用户的偏好与行为模式，使语音助手自动调整智能家居设备的设置，为用户提供更个性化的建议与服务。GPT-4与语音助手融合，也能不断提高语音助手的能力，使智能家居更贴合用户的需求。在物联网领域中，物联网流程自动化是很重要的一个环节，它通过将物联网设备、传感器与其他智能设备自动化系统集成，使物联网设备可以收集数据并将其传输到自动化系统中进行处理，从而自动控制物理世界中的各种流程。在整个环节中，最关键的是需要设置自动化规则。过去，需要通过复杂的代码来实现这一流程，如今，ChatGPT就可以充分简化整个过程。Waylay是一款低代码平台，旨在帮助企业快速构建、部署物联网应用程序及自动化工作流程，来提高业务效率，降低成本。自动化规则是Waylay平台的核心，开发人员可以使用现有的代码片段或者编写小代码片段，用逻辑运算符将它们串起来定义自动化规则并将这些规则组合在一起，用户便可以轻松创建任意复杂的自动化程序。如今，ChatGPT可以直接解析口头规则，并转化为Waylay自动化规则，这就大大提高了用户部署自动化流程的效率并降低时间成本，使工作变得更加简单。

表 6-2　GPT-4 赋能不同行业的应用领域

GPT-4 赋能领域	赋能方式
金融	帮助金融机构进行数据分析与预测，提供个性化的投资建议与服务；利用情感分析了解市场与客户的情绪变化
物联网	对设备运行状态与用户行为进行智能化监测与管理，提供更高效和智能的交互体验
医疗	帮助医疗专业人员整理和记录患者的医疗信息，减轻文书工作负担；自动生成患者病例摘要，帮助医生更快地了解患者病情
教育	自动生成教材、练习题与解释，根据学生的需求与进展提供个性化学习支持
影音娱乐	可自动生成新闻文章、创意写作、视频剧本和歌词等

不断增长的数据和不断成长的人工智能，二者相互作用，不断实现数据到价值的转换，数据、智能、价值三者皆如滚雪球般越滚越大，拥有无可置疑的发展潜力和看不到的上限。我们可以看到的是，所有职业，都将是“智业”！

第 七 章

智能企业的生存之道：运营马达

第一节 生产运营的本质：效率

生产运营的本质其实很简单，那就是效率。具体来说，就是以更短的时间，造出更好的产品，做到更低的成本，卖出更高的价格。这个目标说起来简单，做起来却是相当复杂，每一点效率提升的背后都蕴含着无数管理者的努力，是对每一处细节的精益求精，是对每一个流程的创造性再造。为了追求更高的效率，我们追求设备管理无停台，设法不断提升设备的可动率和开动率；为了实现更低的成本，我们追求成本管理无浪费，比如衍生自丰田生产方式的精益生产方式强调，要消除等待时间、过量生产、多余动作等八大浪费；为了造出更好的产品，我们追求质量管理无缺陷，通过标准化作业、可视化管理等方法，在生产过程中保证产品质量。而这些追求最终都指向了一个共同的答案，那就是工业流水线。

工业流水线的出现大幅缩短了生产时间，降低了生产成本，同时标准化的作业也提升了产品的质量。在上一章中我们曾介绍过福特的工业流水线，当时我们探讨了流水线是如何将对劳动力要素的利用发挥到极致的。在这里，我们要从另一个角度来探讨为什么工业流水线会是生产运营的答案。如今，当我们走进底特律的福特博物馆，偌大的展区汇集了工业化时代的各种杰出成就，正是福特汽车引入了工业流水线，才让汽车以可靠的质量、极低的价格走进了千家万户。当年的胭脂河工厂，囊括了从炼钢到汽车零部件加工再到整车装备的全流程，在人与工作流程混杂一气的庞大空间里，物料和人工以独特的方式带来了前所未有的效率。请注意这个庞大空间，工业流水线的魅力就在于这个庞大空间，因为本质上，工业流水线的效率之谜就深藏在以空间换时间的逻辑之中。什么是以空间换时间呢？我们可以将空间和时间各自理解为一个坐标轴，在流水线出现以前，生产的每一道工序依次铺开在时间轴上，只有在一道工序结束之后，下一道工序才能够开始；而流水线将生产从时间轴搬到了空间轴，生产的每一道工序在空间轴上铺开，生产的各道工序在不同空间同时运作，无论工序有多长，多么复杂，工业流水线都可以将单位产品的生产时间压缩到单个工序的处理时间。每一道工序所需的设备、人力不再需要等待上一道工序的结束，而是可以不间断地重复当前工序，设备连续运行无停台，消除了等待时间的浪费。

到这里，工业流水线似乎已经为生产运营给出了一个完美的答卷。但事实上，人们对生产效率的追求还远没有停止。最初的福特工厂里充满了大量工人，很多工序都由工人手工完成，工人需要休息，但机器可以一直工作。于是，伴随着技术发展，人们开始推动流水线由手工/半手工流水线向机械/自动化流水线转变（见图7-1）。

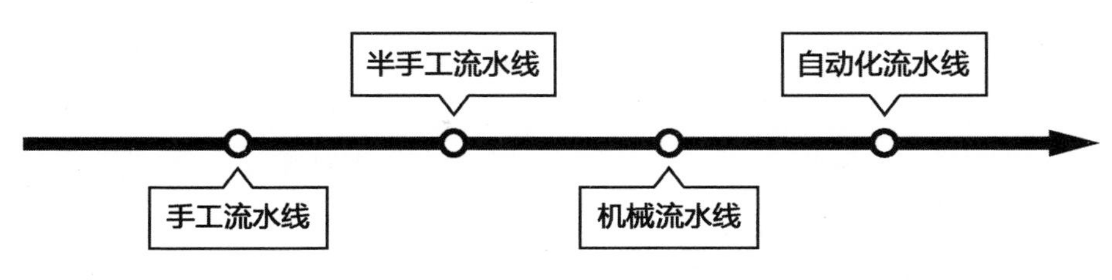

图 7-1　工业流水线发展过程

自动化流水线的出现，极大地提高了生产效率和质量。相比于传统的工业流水线，自动化流水线更加灵活、精确和高效。机器可以24小时不间断地工作，不需要休息，也不会因为疲劳而出现操作失误。同时，由于传统的工业流水线通常是为特定产品设计的，工序和工位是固定的。而自动化流水线通过引入自动化设备和控制系统，可以根据不同产品的生产需求进行调整和编程。这使得生产线可以更快地适应市场需求的变化，提高了生产的灵活性和适应性。

不仅仅是制造业，在快递这样的服务行业中，自动化流水线也能够起到惊人的作用。自动化分拣设备的普及，为快递能够快速、准确送达我们手中提供了极其重要的保障。曾经，我们寄信寄件，需要分拣员按照邮件封面所写的地址，手动分类，再投到各邮段格口，不仅需要的人工数量多，而且效率很低，分拣员疲劳走神还容易导致邮件被误分拣，严重影响快递时效。而如今，一个包裹从送达转运中心到完成分拣，仅需要几分钟。以韵达快递为例，包裹卸货后经由皮带机传送至识别区，由高光识别设备识别货物的面单信息，同时对包裹进行称重，并将数据打包上传至分拣系统，之后包裹被送上流水线，流水线两侧的红外识别设备会检测货物在流水线的位置，当货物到了该分拨的流水线，流水线上方的机械臂自动运行，将包裹分拨，进入另一条流水线。在这条流水线，包裹将进入环形的自动分拣机，分拣机自动识别面单地址，并将其分拣至目的城市的一级网点装车区域。整个系统分拣效率高达每小时两万件，包裹从卸车到分拨至城市内网点，需要的时间在5分钟以内。理论错误率可以达到万分之一，而实际错误率也只有万分之五，并且节省了60%的人力。

以上论述证明，自动化流水线已经大幅提升了生产效率，但这还远远不够。当我们开始迈入智能时代，流水线也开始从自动化向智能化转变。尽管我们对于智能技术参与管理决策还有着这样或那样的疑惑，但智能技术在企业生产运营中的深度介入却是不争的事实。近日，来自德国的菲索马特（FELSOMAT）公司的“宝马无人工厂”视频在互联网上粉墨登场。在汽车制造领域，宝马已经将三维建模、VR技术、AI视觉检测、无人搬运车、5G等前沿技术用在了工厂中，并且已在数十个生产流程中得到应用。全自动的机械设备，整齐划一的操作流程，我们可以看到，不管是喷漆、组装还是汽车生产的其他流程，整个工厂没有出现一个工人的身影，机器人都由电脑控制，按照设定好的程序运作，机器人与机器人之间流水化运营，实现无缝对接。相比于自动化流水线，智能化流水线显然能够更加有效率。

如今，不但宝马的生产车间里已经没有了往日工人们忙碌的场景，就连福特的生产工厂也不再采用过去的人海战术。如今的福特汽车是运用大数据和人工智能技术十分激进的企业之一。这种智变是如何发生的？为什么说人工智能技术必然会介入生产运营之中？在接下来的章节中，我们将进一步论述。

第二节　为什么是自动化流水线

在上文中，我们已经解释了何谓工业流水线，也阐明了当前传统工业流水线正在向自动化流水线不断发展。那么，到底为什么要为了流水线的自动化而不断引进智能技术呢？

自动化流水线盛行背后的原因，其一是基于对成本的考虑。成本的构成并不简单，它涉及人力成本和设备成本之间的复杂权衡。由于流水线需要大量的设备、原材料及能源投入，而且往往只适合单一品种或少数品种的生产，所以在市场需求变化频繁或产品更新换代快速的情况下，流水线的固定成本增加，影响企业的盈利能力。又由于传统流水线逻辑是因对人手的需求而雇佣整个人，所以为了获得人手就必须支付整个人的薪水，这里面就存在着一种可能性，也就是说，只要找到可以替代人手的机器，就可以节省整个人的成本。因此，常规性的生产作业流程很容易就被机器替代了。

其二是为了产品质量的改进，产品质量是人们对企业形象和态度衡量的一个重要标准。由于流水线的工作分工过细，在传统工业流水线上，每个工人只负责一个或几个简单的操作，缺乏对整个产品的了解和掌控，由于流水线的速度往往由最慢的工序决定，且考虑到工人的操作熟练程度，所以在某些工序上可能会出现操作失误或疏忽，导致产品缺陷或不合格。当获得了一个可以在生产过程中进行精确控制和监测的智能机器，能够发现并纠正潜在的缺陷或不合格之处，便既可以保证产品在生产过程中的稳定性和一致性，又能减少因人为操作失误所导致的产品质量问题。

其三是传统工业流水线容易产生排产计划与库存积压问题。市场上的需求是变化无常的，时多时少，有时候还会出现新的潮流和口味。同时，生产过程中也会出现各种意外，比如说设备坏了、工人生病了、物料迟到了等，这些都会影响生产计划和库存水平。如果生产得太多或太少，就会造成库存堆积或缺货的问题，这样就会损失客户和利润。而信息技术可以让这个过程更好地被掌控，其能够帮助收集和分析各种数据，如市场需求、生产能力、物料供应、订单状态等，再根据这些数据，提供最合适的生产计划和库存水平，并且根据实际情况及时地进行调整和优化，就可以保证生产顺畅和交货及时，避免库存积压或缺货的风险。

当我们看到生产线上那些机器人的忙碌身影时，我们会感觉到这才是生产本应该有的样子。因为，无论如何保全生产工人的权益，这些工人都是在委屈自己适应流水线框架下工作的，这样得来的工资，并不是对一个人才华的奖赏，更像是一种对委屈的补偿。但如果将这些工作交给“冷血”的机器，不需要对它们有任何的补偿，只需要及时充电，它们便能将工作做得完美无缺。

中国的杭州天马时控科技股份有限公司，其董事长王祖卫是一位致力于推动制造业数字化转型的领导者。天马时控的主要业务是生产定时器，这是一种广泛应用于汽车、家电、通信、电子等领域的电子元器件。定时器的生产过程涉及多种复杂的机械操作和精密的质量检测，对人工操作和管理的要求很高。然而，随着市场竞争的加剧和客户需求的多样化，传统的生产模式已经难以满足天马时控的发展需要。为了提高生产效率和质量，降低成本和风险且提升自身的核心竞争力，天马时控决定引入人工智能技术，对其生产过程进行全面的数字化转型。具体来说，天马时控利用人工智能技术来实现生产过程的自动化和智能化，通过视觉获取钢筋墩头的空间角度位置，配合四轴矫正专机完成墩头的自动撑开，最后通过机器人实现头尾板的装配。同时，天马时控利用人工智能技术来实现生产过程的高效运行和管理，通过六轴机器人、自动上料装置、自动扫码装置、测径仪、测宽仪、三点测弯机构、拉力机、安全防护系统等组成的检测系统，实现样品检测自动化、无人化、数据自动上传与处理功能，提高了检测的准确性、真实性，降低了人工成本，提高了检测效率。此外，天马时控利用人工智能技术来实现生产过程的质量监控和保证，通过不断完善企业用人和提拔制度，为公司内部培养了一大批技术过硬的“新型蓝领”，在他们的带领下，天马时控的产品质量也不断获得合作伙伴的认可。

20世纪50年代末，费根鲍姆与朱兰提出了全面质量管理（Total Quality Management，TQM）这个概念：要取得真正的经济效益，管理必须识别顾客对产品的质量要求，使顾客对他手中的产品感到满意。全面质量管理就是为了实现这一目标而指导人、机器、信息的协调活动，是一种让企业的产品更加优质的管理方法。它要求企业把生产产品的每一个步骤都明确地规划出来，然后不断地检查和评估这些步骤的效果，用数字和图表来展示这些效果，并根据数据来改进和优化这些步骤。

全面质量管理在工业流水线上的应用，可以从两个方面来看：一是提高生产效率和质量，二是实现管理自动化和持续改善。那么，全面质量管理是如何对企业工业流水线进行改造的呢？我们以一个高端水龙头生产企业为例。该企业产品种类多，批量小。其生产过程包括超洗、电镀、组装三个车间。传统的生产方式是每个车间按照订单生产，然后将成品送到仓库等待发货。但是这会导致车间生产效率低、生产质量差、生产周期长以及生产成本高等问题。这个时候，该企业引入全面质量管理的理念和方法，对其生产线进行了改造。具体而言，该企业将超洗、电镀和组装车间合并为一个连续流水线，这样便可以实现按需生产，提高了对顾客需求的响应速度和满意度；根据每个工序的时间平衡各个工位，既实现了流水线的顺畅运行，又提高了流程效率和利用率。同时，在流水线上设置可视化管理系统，显示各个工位的作业指导、质量标准、节拍时间、在制品数量等信息。此外，在流水线上设置防错装置，比如超洗后必须电镀，否则无法通过；电镀后必须冲水，否则无法通过；组装后必须检验合格，否则无法通过。以此，保证每个工序都符合质量标准，实现了流水线的零缺陷，提高了质量水平和信誉度。

企业对全面质量管理运用得越深入，对人工智能技术的需求就越迫切：

第一，传统企业生产过程中浪费无处不在，这些无意义的浪费白白耗费了企业的资源，而机器的加入则可以提升效率，减少生产流程中的错误，提高零件合格率。对于许多公司来说，在产品包装上提供正确信息是保护和推广品牌名声的关键，从可追溯的QR码（快速响应二维码）到保质期，标识赋码为消费者提供基本信息，使制造商和零售商保持合规。虽然供应链浪费有许多不同的形式，但标识赋码错误可能会带来高成本的浪费。手动标识赋码不可避免会出错，即使是打字正确率为99.7%的操作员，通常也会每打300个字符出现一个错误。因此，召回操作时常发生；监管机构如FDA(美国食品和药物管理局)，可以对此处以罚款；零售商甚至可能因为标签信息不正确而被取消合作。通过自动化喷码机流程，制造商可以减少停工、等待时间、材料浪费和超产。例如，标签模板可以直接从数据源填充，无须操作员输入任何文本，从而腾出时间执行更高产的任务。实际上，产品可以直接使用ERP系统（企业资源计划）中的数据和作业时间表进行赋码，也可以删除相关流程和文档的管理。此外，作业转换的自动化可确保消除停机时间。通过免除人工直接参与，赋码站无须在每次作业后检查数据准确性。视觉系统向流程添加一个额外的验证元素，保证每个标识都赋在产品的正确位置上。集成视觉系统的自动化赋码可确保实时检查生产线上每个产品的一致性和完整性，并在检测到问题时立即停止生产。

第二，全面质量管理强调持续提高，使传统企业向精益企业迈进，而其中的支柱就是管理自动化。要想实现管理自动化，就必须要有一套完整高效的管理信息系统，其效率来自信息采集、传递、分析的效率，机器人的诞生恰恰能满足这样的需求。当流水线上的工作主要由工人来进行时，工人所传递出的信息往往是主观的、非结构化的，这使得信息采集和传递都很低效；而当机器走上流水线，其配备的大量传感器可以将流水线上的信息以数字化、结构化的形式，快速准确地传递到管理信息系统，大大提升了管理系统的效率。当指令通过信息系统传至流水线，机器也能够比人更快速精准地理解指令，从而实现管理自动化。在太古可口可乐生产线，其配备的MIS系统（管理信息系统）可在生产过程中实时采集设备及工艺数据，从效率、能耗、安全、质量、预测等多维度进行动态数据分析，拥有生产过程信息化监控与分析、质量管控、设备管理与维护、异常预警与探测等多种功能，实现了管理自动化。与此同时，通过能源管理与系统联动，太古可口可乐的所有工厂年节约电量1000万千瓦时，相当于节约了3200吨标准煤，减少了7500吨二氧化碳排放，可供5000户家庭、20000余人的全年生活用电。

1942年，福特开启了在日本的工业流水线项目。丰田公司高层去福特工厂考察了他们的流水线作业后，根据当前企业的状况采纳了福特的流水线生产方式。然而，没过多久，丰田就发现自己的生产线是有问题的，因为在这条生产线上，每一个产品都是由不同的人来生产的，一人做一部分。如果上一道工序出错，下一道工序无法发现，只有当这个产品生产结束后，才能检测出来有质量问题，而这个过程已经耗费了人力、物力、财力和时间，最后得到一个质量有问题无法使用的零件。人在流水线上工作时，难免出错，然而机器并不会。机器对生产运作的介入，天然符合精确控制的基本逻辑。我们之所以会有流水线，就是因为如果不让机器移动而让人移动，则无法做到精准。所以，干脆人别动，让机器动。但在机器深度介入的生产空间中，我们可以同时获得两种形式的精确，既可以有不动的精确，也可以有动的精确。不管动还是不动，都可以做到一样的精确，而这只有被数据驱动的机器可以做到。

第三节　运营的精确需求

我们知道企业的生产过程管理，也就是运营，其主要目标就是对质量、成本、时间和柔性的控制，而质量、成本、时间和柔性是企业竞争力的根本源泉。

人工智能技术的引入一方面可以很好地运用其强大的计算能力来提升运营效率，通过整合计算资源源源不断地为企业提升运营水平。企业的运营效率越高，就越能节省成本，增加收入，提高竞争力。同样，企业的运营水平越高，就越能够提高客户满意度和忠诚度，提高市场占有率和利润率。在生产过程中，企业可以利用更先进的硬件设备、更多的计算资源、更强大的网络服务等，提高机器的计算能力，让机器能够快速地处理大量的数据和信息。此外，企业可以利用各种人工智能技术，如语音识别、自然语言处理、机器学习、深度学习等，让机器能够模仿人类的智能行为，如理解、分析、判断、决策等。一家汽车制造商采用了IBM Watson的人工智能技术，实现了对生产线上的数据进行实时分析和优化。该汽车制造商使用了IBM Watson IoT Platform，将生产线上的各种传感器、摄像头、机器人等设备连接起来，形成一个智能化的网络，让它们共享数据和任务。同时，IBM Watson Machine Learning也可以让机器自动地学习和优化生产过程中的各种参数，如温度、压力、速度等，从而提高生产效率和质量。

另一方面，人工智能可以在解决生产成本、产品质量以及排产计划与库存积压等问题的基础上，进一步解决运营流程上的精确需求问题。运营流程上的精确需求，是指企业在运营过程中，根据市场和客户的变化，对产品和服务的质量、效率、创新等方面提出更高、更细、更灵活的要求。运营流程上的精确需求是企业在解决了基本问题之后，进一步追求更高层次的目标和价值。因此，企业需要通过更先进的方法和技术来满足这些需求，提高运营水平。人工智能可以利用数据挖掘、预测分析、模式识别等技术，从海量的数据中提取有价值的信息，帮助企业更好地了解市场动态和客户需求，从而提供更适合、更满意的产品和服务。这样，企业就可以减少产品过剩或者短缺情况的发生，降低库存积压和损失，提高销售额和利润率。例如，家居服装品牌可以使用IBM Watson的人工智能技术，实现对客户的个性化推荐和定制，从而提高客户的购买意愿和忠诚度。

一个人在某种工艺上很难做到精确，他必须经过大量的训练，还会在训练过程中受到非常多的因素制约。相比之下，机器也需要训练，但训练周期很短且不会有很多的约束条件。根据美国制造商协会（NAM）的数据，机器人自动化可以使制造工厂降低20%~50%的成本，这种节省得益于更高的每工时产量、更少的返工和熄灯制造。机器人技术的实现使得工厂更加高效、灵活、高产和精确，并且当机器人大量投入工厂使用时，工厂出现了“熄灯制造”的现象，一些机器人包含光检测和测距传感器，能够通过激光反射来判断距离，集成的检测系统也可确保机器人生产能够整夜制造优质的零件。只要有电，机器就能运作，并且机器不像人，不会出现状态不佳、心情忧郁的情况，这就大大降低了工厂出现生产风险的可能性，并且能使工厂管理者更好地监测和预警风险。机器人在制造业领域的广泛应用吸引了大量年轻人进入工厂，年轻人为自动化而生，他们优秀的学习能力使得他们能够迅速上手各种机器，与机器融为一体，人机合一也让机器在工厂中发挥了更好的效用。例如，零售管理公司 Premium Retail Services（PRS）开发了一款人工智能程序，帮助客户制定可预见的维护计划和分析数据变化趋势，协助用户更好地了解公司当前的业务情况。同时，这项技术也能提高员工工作的效率，员工能够在短时间内通过此程序收集大量货物的数据来预测仓库匹配，而员工只需短短 1~2 小时便能熟悉各项程序的使用，在一定程度上节省了企业的时间与人力成本，员工也可通过语音指令来简化程序的运作，从而借助程序快速地完成工作。员工与机器的结合为传统的工厂注入新的血液，使工厂焕发出新的活力，大大节省了企业的人力与时间成本。

在这样的情况下，人类对于精确的需求将获得史无前例的满足。机器可以专为某个技艺而生，但人不是。随着科技的发展，云端技术、VR、3D 打印技术等一系列人工智能技术普遍运用到了当今的工厂中，促使工业流水线上“笨重”的机器转变为“智慧”的机器，带动工厂的智能制造，促进工厂的转型升级，工厂内熟悉的生产线场景正在逐步消失。奥迪智能工厂为我们描绘了未来工厂的图景。首先，运输场景将不再需要工人，所有的零件物流运输将全部由无人驾驶系统完成，甚至转移物资的叉车也将实现自动驾驶，实现物流场景的自动化。其次，在生产过程中，机器人将取代人工进行琐碎零件的固定、螺丝拧紧等细致的操作。以往，这些精细的流程是需要人工进行监督跟进的，而现在，机器的精细化功能可以独立完成以上操作。同时，机器并没有替代工人，而是与工人进行完美的配合。装配辅助系统会提示工人需要在汽车何处进行装配，并可对最终装配结果进行检测，显示屏上会显示最终装配是否合格，以防止因工人走神、粗心而出现残次品。最后，智能工厂将采取VR技术来实现汽车的虚拟装配，帮助设计工程师发现研发阶段中出现的问题，以便观测未来实际的装配效果。3D打印技术也会在工厂得到普及，奥迪汽车上的大部分零件已经可以由3D打印技术得到，这样便进一步缩减了工厂生产零件的成本，提升工厂的生产效率。在这种情况下，我们可以大胆设想：在以往汽车工业流水线生产的情况下，所有的汽车都是千篇一律的，无法实现针对每个消费者不同需求的定制。但是在以后的智能工厂，消费者仅凭手机便可选择自己想要的汽车款式和希望汽车拥有的独特功能，当将手机上的数据反馈给工厂后，工厂依照消费者指令，进行全自动化汽车生产，让每一个消费者都享受独一无二的定制化服务。同时，在生产过程中，通过工厂内智能监控将信息实时反馈到消费者手机，让消费者随时随地都能观看自己爱车的生产过程，在拥有汽车前就已经对其有足够的了解，这样也减轻了售后服务的压力，节省了消费者消耗在售后的时间。

由此，在几乎所有的生产运营领域，人都必将为机器让路。没有人是专为生产产品而生的，在智能运营时代，要给岁月以文明，给时光以生命……

第八章

企业管理的核心要义：赋能决策

第一节 管理人决策

人工智能不仅可以提高企业运营的效率，还可以帮助企业做出更好的决策。当搞清楚运营马达之后，让我们深入企业内部，看看人工智能是怎样赋能企业决策过程的。传统经济学假定人是理性人，理性人假设又称经济人假设或效用最大化原则，是西方经济学中最基本的前提假设，理性人即为“合乎理性的人”，该假设认为每一个从事经济活动的人都是利己的，即每一个从事经济活动的人所采取的经济行为都是力图以最小经济代价去获得最大的经济利益，否则这个人就是非理性的。因此，基于推断，理性人在做每一项决策的时候应该也是“理性”的。

理性人假设具有四个假定特征：一是完整性，即理性人了解自己的偏好，对自己所要达到的目的具有明确的认识，对于经济生活中的任何变动，都能做出独立的选择；二是理智地选择，即理性人的经济行为都是有意识的和理性的，不存在经验型和随机型的决策；三是自利原则，即消费者会追求满足最大化，生产要素所有者会追求收入最大化，生产者会追求利润最大化，而政府则会追求目标决策最优化；四是传递性，各种生产资源可以自由地、不需要任何成本地在部门之间、地区之间流动。由此可知，理性人假设实际上存在着一系列相关假设，包括资源供给不受限制、市场信息对称、人的知识水平足够、市场机制充分有效等，但实际上，这样的条件本身在现实中基本不会存在。

而图灵奖、诺贝尔经济学奖得主，管理大师赫伯特·西蒙则是挑战理性人假设的突出代表，其在《管理行为》(*Administrative Behavior*)一书中首次针对“完全理性”和非理性提出了“有限理性”的观点，而后在对人类的认知系统的研究中不断完善有限理性理论。在这一理论中，西蒙挑战了理性人假设，提出了“管理人”的概念，也就是“有限理性”，并因此获得了诺贝尔经济学奖。他认为，现实生活中作为管理者或决策者的人是介于完全理性与非理性之间的“有限理性”的“管理人”。

根据有限理性理论，西蒙指出“管理人”的价值取向和目标往往是多元的，不仅受到多方面因素的制约，而且处于变动之中乃至彼此矛盾状态，并且“管理人”的知识、信息、经验和能力都是有限的，他不可能也不企望达到绝对的最优解，而只以找到满意解为满足。其原因在于，完全理性的决策需要占有并分析充分的信息，而信息是无限的，人的注意力是有限的，用有限的注意力应对无限的信息是不可能的，所以人只能有限理性。在实际决策中，因为决策者的认知能力和信息获取能力是有限的，而问题的复杂度和不确定性是很高的，决策者在面对复杂的问题时，往往不能考虑到所有可能的解决方案，而只能根据自己的知识、经验和信息，选择一些可行的方案。在评估不同方案的优劣时，因为决策者缺乏完全的信息和知识，所以不能准确地预测每个方案会带来的结果和影响。因此，决策者在选择方案时，并不总是遵循一个固定和一致的效用函数或目标函数，而是受到自身和外部环境的影响，可能会改变或调整自己的决策偏好。有限理性理论中十分关键的一点是理性人在决策时追求最优解，而有限理性的人只追求满意解。对西蒙《管理行为》一书进行通读后，我们可以对管理做出如下理解：管理是一种决策，决策是一种选择，而选择是一种放弃！

在面对管理决策时，一个人可以调动的头脑内部的信息块不会超过7个，所以在很多时候必须依赖外部信息的输入。因此，有限理性的管理者仅依靠自己的知识和经验，难以做出令自己满意的决策，这就不得不借助工具进行信息收集，寻找一个满意的决策结果。信息的收集和利用是管理者做出优良决策的保证，这也是每家企业都有各种报告或信息汇报机制的原因。企业内部的信息流转，是管理决策不可或缺的养料。在过去，管理者会通过各种渠道获取更多的商业信息，每天都要看很多文件，处理大量的纸质汇报材料。后来，人们发明了一种更好的方法来处理和传递商业信息，即用电脑和网络代替纸张，这种方法就叫作管理信息系统（见图8-1）。管理信息系统有很多种形式，比较常见的有OA系统和ERP系统。OA系统是办公自动化系统，可以帮助员工进行日常工作，如发邮件、安排会议、审批申请等。ERP系统是企业资源计划系统，可以帮助公司管理各种资源，如人力、物资、财务、生产等。这些系统都可以让管理者基于有限理性的思想，更快、更好地做出决策。而不管是基于各种纸质材料的汇报，还是依托于OA或ERP系统的电子信息流，最本质的目的都是帮助管理者汇聚信息，制定合适的策略和计划。

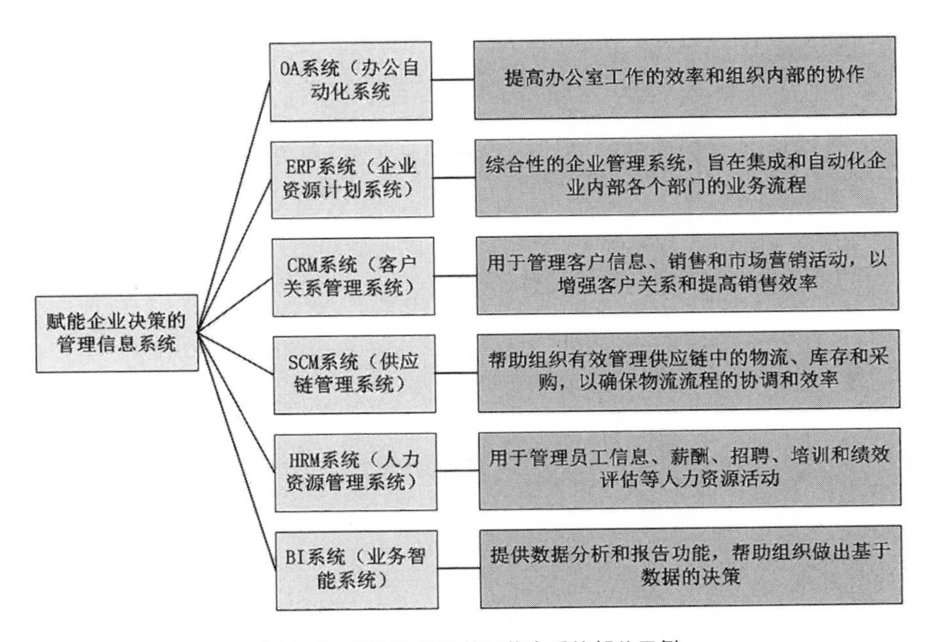

图 8-1 赋能决策的管理信息系统部分示例

以办公自动化系统为例，办公自动化（Office Automation，OA）是将现代化办公和计算机网络功能结合起来的一种新型的办公方式，可促进员工、部门成员、团队成员、工作组和业务合作伙伴之间的无缝协作。办公自动化没有统一的定义，凡是在传统的办公室中采用各种新技术、新机器、新设备从事办公业务，都属于办公自动化的领域。除了我们熟知的人事行政类管理，还有业务审批流程管理、项目管理、财务管理等，借助OA协同办公，让企业在管理过程中减少了沟通成本，避免人为出错，同时让内部资源获得了最大化的共享。工作流程是整个OA协同办公系统的核心部分，信息的流通能够方便成员决策，强大的信息流引擎也为企事业单位复杂的跨部门审批提供了极大的便利。使用OA协同办公，实现了无纸化办公，系统能够根据申请人申请的内容智能判断审批步骤和选择办理人，随时随地进行查看，阅读，审批，大大提高审批效率；OA协同办公系统还可以信息化管理人事办公流程，自动化建立人事员工档案、考勤、薪酬等一体化管理体系。利用OA协同办公还可以轻松实现对文件的管理，并提供快捷的搜索工具。不仅如此，利用OA协同办公可以使员工在线完成工作，管理者则可对各项工作的进展情况进行实时监控，了解每个员工每项工作的办理情况，必要时可进行催办，充分了解到员工所掌握的工作技能和工作效率如何。只要登录OA协同办公平台，就可以第一时间掌握到企业最新咨询、最新动态，实现信息资源的共享。

OA协同办公系统帮助管理者实现了对企业内部信息资源的管理。而企业资源计划（Enterprise Resource Planning，ERP）是将企业所有资源进行整合集成管理，是物流、资金流、信息流进行全面一体化管理的管理信息系统。ERP能够充分调配和平衡资源，准确反映组织的财务和运营状况，改善企业经营业务流程，提高过程管控与市场竞争力，给诸多的企业带来了全新的管理视野。当企业充分使用ERP各个模块后，更高的管理需求诞生了。企业不仅需要清晰地记录经营过程，更需要在事前和事中进行更广泛、细致、有效的分析和预测，在借助核心系统中的数据来做分析和辅助决策时（过去财务更多关注内部数据），摆在企业面前的是一个全新的命题：面对不断变化的业务需求，这些数据如何帮助企业提升管理决策水平？这催生了全新的信息系统——EPM。

能效与生产维护管理（Energy Efficiency & Productive Maintenance，EPM）以全系统的设备管理体系为基础，针对中国企业特点与现状，引入儒、墨、道、法、兵、中医等传统思想，构建出项目管理、执行可视化、绩效管理、IE改善、改善策略五大管理运用模型，引导企业走向创新与发展。其能够通过项目管理、执行可视化、绩效管理等模型，对企业的能源消耗、设备运行、生产效率等数据进行实时监测、分析和优化，从而提高信息化水平和决策能力。在Gartner 2020年《全球FP&A魔力象限报告》中，相关数据显示，51%的受访企业已经在使用EPM进行综合财务规划，49%的受访企业计划在2023年底前部署业财一体规划预测分析系统。

除了我们回顾的办公自动化、企业资源计划、能效与生产维护管理系统，还有很多能够帮助管理人进行决策的工具。随着科技的发展和创新，有限理性的管理者可以更加便捷地利用各种工具和平台，比如互联网、大数据、人工智能等，来收集和分析各种来源和类型的数据和信息。但一个非常矛盾的问题是，仅仅拥有大量的数据和信息，并不意味着管理者就能够根据这些数据和信息做出正确和合理的决策。因为决策还需要考虑其他因素，如目标、价值等，而且获取更多的数据和信息，并不一定能够提高决策的质量。如果管理者无法有效地处理和利用所有的数据和信息，也将会导致决策困难、延误或错误。随着可获得和可呈现的信息越来越多，管理者真的有精力和能力来处理这些信息吗？因为管理者不仅要收集和分析数据和信息，还要将其转化为可视化、可理解、可沟通的形式，这些工作都需要消耗管理者的时间和精力。当管理者过于依赖数据和信息来做决策时，他们可能会忽略自己作为决策者的主观判断和责任感。因为他们可能会认为只要遵循数据和信息所显示的结果就可以了，而不需要考虑自己的直觉或经验，如果决策出现了问题或失败了，他们也可以把责任推给数据和信息本身，而不需要承担后果。因此，虽然管理信息系统可以帮助有限理性的管理人获取大量的数据和信息，却并不能保证决策的质量和效果。

第二节　信息赋能决策

对于以上问题的追问，将会把我们引向一个非常恐怖的管理现实——信息的可获得性和丰富性正在偏离赋能管理决策这一主要目标！毫不夸张地说，当前的“信息官僚成本”已经成为最大的管理成本！所谓官僚成本（见图8-2），指的是企业在进入相关的产品领域时，可以利用协同效应来树立自己的竞争优势，然而，随着企业规模的不断扩大，也产生了与此相关的一系列问题，比如管理层次增加，需要处理的信息量过大，战略决策迟缓，企业内部交易使得经理人对市场机制变得迟钝等。这些问题的出现会导致企业不仅不能通过协同效应来降低成本，节省支出，反倒使得企业内部的交易成本上升，甚至会带来许多严重的管理问题。信息官僚成本则是其中最为突出的一部分，随着企业获取信息和数据量的增多，这很可能影响管理者做出正确的决策和判断，进而导致管理者错误的决策和运营方案。

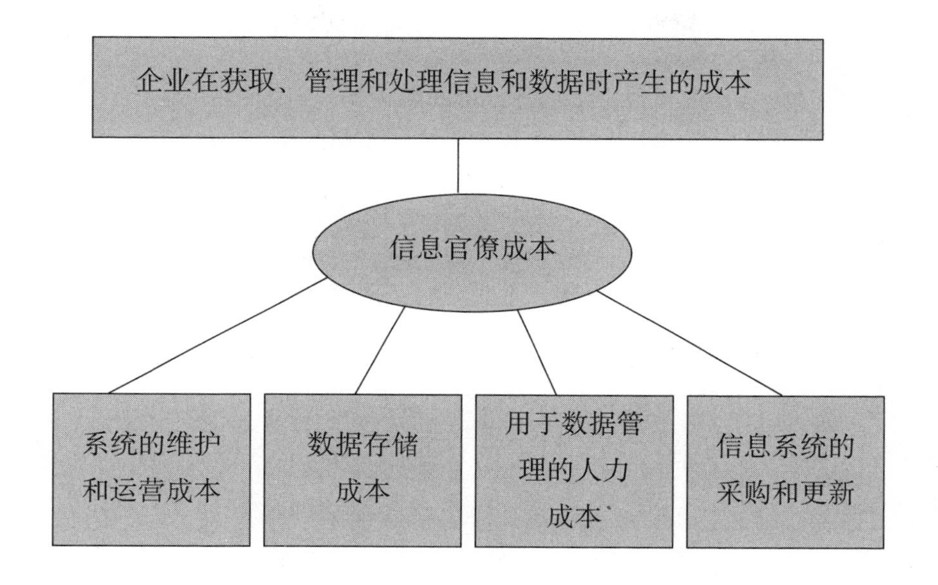

图 8-2　信息官僚成本示意图

那么，接下来的管理问题是：

1）尽量压缩管理成本是公司跑赢市场的关键，要用更少的时间、人力和资金来完成更多的工作。

2）信息是做出管理决策的前提，要用更多的数据和知识来支持更好的决策。

3）信息官僚成本急剧上升，流程、规则和层级增加了信息传递和处理的障碍和延误可能。那么怎么平衡这三者？答案是，让信息直接赋能管理决策，而不是只赋能管理者。

信息如何才能直接赋能决策呢？这就需要一套自动化的管理决策机制。这种机制可以根据预设的目标、规则和算法，根据输入的数据和信息自动做出最优或最合适的决策，而不需要等待或询问管理者的意见或批准。过去我们很难做到这一点，一则管理者们了解到的信息并不全面，只有那些可以信息化的信息才可能被管理者看到；二来信息系统还不具备真正的赋能决策功能，这些系统的大多数功能都是基于传统企业的层级制来分配管理权限的；三是自动决策会让管理者找不到感觉，就像自动驾驶汽车让司机失去掌控感一样。

现阶段较为成熟的决策系统是智能决策支持系统，是人工智能（Artificial Intelligence，AI）和决策支持系统（Decision Supporting System，DSS）相结合，应用专家系统（Expert System，ES）技术使DSS能够更充分地应用人类的知识，如关于决策问题的描述性知识，决策过程中的过程性知识，求解问题的推理性知识，通过逻辑推理来帮助解决复杂的决策问题的辅助决策系统。具体来说，决策支持系统既包括问题处理和人机交互系统（语言系统和问题处理系统），也包括模型库系统（由模型库管理系统和模型库组成）、数据库系统（由数据库管理系统和数据库组成）。构建过程主要是由知识库、推理机和知识库管理系统构成专家系统，再由决策支持系统和专家系统集成为智能决策支持系统。

智能决策支持系统当前在计算机网络教育中的应用最为显著。决策者通过智能决策系统提供的相关数据，为决策者提供不同类型的信息以及背景数据，帮助其制定不同的教学目标。同时智能决策系统还可以分析各种信息，建立不同类型的决策模型，为在线教育提供更多的解决方案，帮助教师和学生节省更多的时间，从而提高教学效率。除此之外，校园内部应用智能决策支持系统能够帮助校园管理者们更好地完成教学、生活、安保、科研等多项工作的分析决策任务。目前在这一块比较成熟的应用案例是上海科技大学研发设计的智能决策系统，该系统在技术上采用松耦合的分层结构进行总体架构设计，在数据处理层采用SpringCloud微服务架构，能够支持数据清洗、数据处理模块的热插拔和平滑扩容；数据展示层支持自定义开发、自定义配置的分析图表以及其他外部系统图表的嵌入等功能。除此之外，系统在安全方面做到了高等级防护，能够保护系统中内容访问的安全性，并增加了https访问通道，为数据进行加密传输，避免数据外泄。这套智能决策系统通过综合仪表盘和多层关联深钻的方式，提供对学校各方面情况的深度数据融汇。该系统全面汇聚了校园内各业务系统的多维度数据，目前其内容能够覆盖综合校情、科研活动、本科生招生、本科生培养、研究生培养、学生行为、资产、人事等12个主题，细分642个场景，同时通过对访问角色和访问内容的分层设计，达到不同层级、不同部门用户对不同业务分析场景和主题的访问授权控制，很好地满足了学校管理者清晰全面地感知校园情况的需求，便于管理者及时采取有效的决策措施。

然而，随着智能技术的渗透，市场的自动化程度正在快速提高，未来市场将越来越依赖智能技术来完成交易。公司需要通过管理和协调内部和外部的资源，来实现某种价值创造和价值分配的目标，需要平衡管理成本。但随着市场的自动化程度提高，公司面临着更强烈的竞争压力和效率要求，如果不能有效地控制管理成本，就会失去市场优势和竞争力，甚至被淘汰出局。无论企业处于什么样的行业、规模或发展阶段，成本领先是企业在竞争中取胜的关键战略之一，控制管理成本是所有企业都必须面对的一个重要管理课题。企业无论采取何种改革、激励措施都代替不了强化成本管理、降低成本这一工作，它是企业成功最重要的方面之一。有效的成本控制管理是每个企业都必须重视的问题，因为它不仅关系到企业的盈利水平和市场地位，还关系到企业的整体运行效率和质量。而控制管理成本最快捷的路径就是将例行的管理决策交给智能算法去完成，智能技术可以帮助企业实现管理决策的自动化、优化和标准化，减少人为的干预、误差和延迟。这种做法会大幅度降低管理成本上升曲线的斜率，即管理成本随着企业规模和复杂度的增加而增加的速度，进而帮助企业跑赢市场效率，减少市场交易需要的时间和资源。

第三节　决策“决策”

当然，管理者不会消失，相反，管理职能将变得前所未有的重要。只是，管理者将不会处在决策流程的核心环节上，甚至绝大多数的管理决策都不需要管理者来执行。管理者未来的首要任务，将会是决策“决策”！什么意思？就是决策什么决策才是管理者需要决策的，什么决策又是管理者根本不需要决策的。

利用数据科学能够简化复杂的商业决策，是决策“决策”的关键手段。当前，决策优化被认为是改善决策效果的秘诀。面对越来越复杂的决策环境，决策优化技术已经在各行各业都实现了数十亿美元的收益回报，商业决策者对数据科学团队开始有越来越高的期待。例如，通过减少零件开支，司机生产力能够提高5%~15%；在相同的收益率下，投资风险能够下降30%左右；制造、仓储和分销成本能够减少3%以上。目前在决策“决策”方面做得最为突出的是IBM公司。IBM能够为用户提供优化数据策略以支持数据驱动的决策，如采用多维方法的可信赖、透明的AI道德规范，构建与用户的CRM（客户管理系统）集成的全方位服务AI聊天机器人以提升客户体验。并且，IBM决策优化产品使业务决策者能够通过简化最佳计划和时间表的创建来提高运营效率和降低成本。

IBM决策优化中心4.0通过结合数据、分析和尖端的优化技术，使企业管理者能够快速和大规模地做出可靠的商业决策。优化模型准备好后，用户可以在不到一个小时内建立、部署和运行完整的决策支持应用程序，容器化的架构使得应用程序可以在企业内部或者云端进行安装。这种决策模型会设计多个假设场景，比较备用场景的结果，并通过将机器推荐的最佳解决方案与人类的专业知识相结合做出决策决定。决策支持系统在开发过程中促进业务用户的持续反馈，以缩短价值实现时间，并允许在部署中分享计划。决策系统通过集中管理来自内部和外部的数据，能够轻松地将企业数据库映射到应用数据表中，并且生成复杂的图表和图形，展现现代、直观和易于使用的用户体验。散装油罐物流是一个非常复杂的问题，许多卡车运输公司无法提供全面的服务，因此他们只能关注于决策一小部分产品，为了安全并有利可图地运输散装产品，需要管理对罐车、司机和货物的数百项限制，如何帮助其规划者做出最佳路线决策成了重要的问题。在散装运输中除了找到司机、卡车和拖车的最佳组合外，路线规划者还必须考虑到在两次装载之间清洗油罐拖车的需要。基于这些问题，托运人不得不聘请许多小型物流供应商来满足他们所有的运输需求，这样就提高了供应链管理成本。Bulk Tanker Transportation Company通过使用IBM ILOG CPLEX Optimization Studio服务，利用IBM的高级决策分析和决策优化系统推动散装油罐运输的创新。该公司能够将问题分割成若干可以单独解决的子问题，然后将结果合并到一个单一的求解器中，为整个物流网络中的每个负载推荐最佳的司机、拖车和洗车组合。这样产生的模型可以在不到10分钟内找到1500个订单、800辆油罐车和500名司机的解决方案，其滚动范围为5天。该问题空间包含超过10亿个可行的分配情景，在验证了该模型有效性后，散装油轮公司将该求解器嵌入其运营计划系统，并将其与Oracle运输管理和Siebel CRM 应用程序相结合。该系统在工作日持续运行，随着客户的新订单以及司机和洗罐站传来的运营数据而更新，其结果在该公司区域规划人员使用的规划界面中以建议的形式呈现。通过更全面的散装物流服务，运输企业降低了运输成本与交货时间。对于管理规划团队来说，该模型简化了决策，使规划人员能够专注于处理特殊情况而不是基本的路线决定。这样规划部门的生产力会大幅提高，决策错误率下降，全职规划人员分配到其他任务中。

IBM ILOG CPLEX Optimization Studio是IBM提供的决策支持系统服务中较为突出的一项。该系统使用决策优化技术优化业务决策，快速开发和部署优化模型，创建能够显著改善业务成果的实际应用程序。首先，该决策优化服务能够解决一系列的优化问题，能够使用功能强大的求解器

（如 CPLEX Optimizer 和 CP Optimizer）发现数学编程、约束编程和基于约束的模型。其次，系统的决策是以事实为依据，而不是凭靠感觉，可以帮助企业将业务问题转为优化模型，使用经过验证的优化求解器解决问题。并且，该服务能够从内部部署、云端部署和混合部署选项中进行选择，通过具有约束条件的数学编程，成功开展规范性分析。最后，该决策优化服务会帮助管理者获得最优的决策结果，通过对重要信息进行分析并提供决策，进而降低运营成本。

熟悉了IBM在决策“决策”上的探索，让我们继续分析FleetPride的决策案例。FleetPride是美国最大的独立的重型卡车和拖车零部件分销商，致力于快速向客户交付重型车辆备件，提供超过一百万种来自知名品牌的重型卡车和拖车零部件。用户可以在任何商店购买FleetPride出售的零件，其拥有广泛的分销网络和综合供应链，共管理着五个区域配送中心，在美国各地运营着260多个网点，但是保持如此庞大、复杂的供应链平稳运行是一项持续的强大挑战，任何一个薄弱的环节都会影响整个链条，拖累整体的效率并影响客户服务，因此需要不断寻求优化仓库和配送流程。IBM为FleetPride提供了一套分析决策解决方案，以此来提高整个供应链的效率。

在具体应用上，首先，FleetPride使用IBM科诺斯分析来设计和分发每日仓库库存和库存报告，便于仓库经理全面了解库存的水平和位置，并根据客户需求显示有关存储每种类型物品的建议。有了这个建议，管理人员便可以确保最受欢迎的物品存放在装运码头附近，从而为仓库员工节省大量时间并提高生产率。接下来，FleetPride使用IBM SPSS建模器构建了一个模型，该模型使用三年的历史运输数据来预测每个仓库在每日、每周和每月范围内的入库和出站运输订单数量，使得仓库经理更容易调整他们的劳动力计划，并保持适当的人员配备水平，以便在任何一天都能改善处理客户需求。最后，CPLEX扮演着双重角色，既要与IBM SPSS集成，根据现实世界约束下的统计建模得出最佳业务建议，又要独立解决其他问题的优化。

借助这一套分析决策解决方案，FleetPride的管理者们不再需要依靠直觉或最佳猜测来管理供应链中的所有环节，而是可以通过详细的报告快速轻松地访问最新的运营数据，来帮助他们做出更明智的决策，从而提高整个供应链的效率。每日库存报告使仓库经理能够优化产品的布局，从而减少员工在不同存储区域走动的时间，这有助于提高整个仓库的效率。在现有丰富的决策经验和运营数据的基础上，借助IBM提供的决策系统，FleetPride的管理者们比以往任何时候都更有能力保持供应链的高效运行。

在未来，决策"决策"将成为管理中最重要的环节，管理者将不再拥有对事项的直接决策权。所谓的决策"决策"是指在多个备选方案中选择一个最适合的方案的过程，这个过程将比其他管理环节更加重要和复杂，因为它涉及对未来的预测、评估和判断。大量的AI工具将会让管理者从纷繁复杂的日常决策事项中脱离出来，这些工具可以帮助管理者处理大量的数据和信息，管理者要做的更多是从"最优"决策方案中寻找"满意解"的决策工作，而不需要再花费大量的时间和精力去处理一些细节和琐碎的问题。我们可以看到，智能工具能够提供更多的理性决策方案，而管理人的角色正在向决策“决策”人转变，管理者也需要更加灵活和创新地应对各种挑战和机遇。总之，对于管理来讲，问题是永恒的主题，而答案是暂时的方案。管理者需要不断地寻找和解决问题，而问题又往往是复杂的、动态的、多元的和不确定的，不能满足于现有的答案，而要持续地探索和创新，以适应不断变化的环境和需求。

第三部分

产业篇

第 九 章

产业供需新趋势

第一节 泛触达

我们所说的“触达”指的是企业通过各种方式实现的与用户的接触，触达用户既是营销的第一步，也是贯穿整个营销过程的重要环节。随着技术的发展与不断进步，企业触达用户的渠道一直在变化，从早期的面对面触达，到邮件、电话、短信等，企业一直在寻找更加高效的触达方式。大数据时代，随着数据介入营销过程，产品与信息的流转发生了全新的分拆与聚合，企业实现营销和触达的方式发生了巨大改变。因此，想要说清楚泛触达这一概念，就让我们从营销开始讲起。

营销是指企业发现或发掘准消费者需求，让消费者了解该产品进而购买该产品的过程。传统的实业界将营销等同于销售，认为营销就是售卖商品。但实际上，营销向来是两个字：营和销。营销大师科特勒曾经说过，营销的本质是让销售变得没有必要！也就是说，营销和销售是完全不同的概念，营销的重点在于“营”，只有把“营”的工作做到家，“销”才会变成一个自然而然的结果。遗憾的是，大部分企业都将营销等同于销售了，他们花费90%以上的时间和精力去销售，却忽略了“营”的重要性。那么，现在的问题就是，什么是“营”？企业如何去“营”？早期的小米公司是用来理解营销本质的典型代表企业。与传统做法不同，那时的小米花费90%以上的精力去“营”，结果销售就变得非常轻松了。小米是如何去“营”的呢？

其一，营造粉丝文化，培养了米粉这一忠诚用户群体。小米手机圈定的原点人群是非常清楚的，就是手机发烧友。这类人群有一个特点，就是对新事物接受能力强，追求时髦。小米的一个开创性做法就是，搭建起企业和用户紧密联系的虚拟社区，构建一种企业和用户相互依存、相互作用的生态关系，让用户成为社区的一员或朋友。在这个虚拟社区里，用户可以借此得到某一方面的满足，并彰显自己的生活方式。就这样，小米形成并塑造了自己别具特色的“粉丝文化”。小米的粉丝自愿成为小米手机最为忠实的代言人，并不断宣传小米的品牌，成为小米产品的推广者。小米也通过一系列有吸引力的活动，让粉丝活跃度、黏度更高。

其二，营造用户体验，也就是小米一直倡导的参与感。小米在增强用户参与感这方面做了很多努力，这一点可以参考小米副总裁黎万强先生的《参与感》一书。除了借助微博、微信、论坛等线上手段与用户互动的传统方式，小米还充分重视和发动线下的互动。事实上，只有线下互动才能真正提升用户的参与感，更容易让用户转变成粉丝。通过举办各项大型活动以及向用户广泛收集意见，小米鼓励用户参与小米的日常运营和大事件，甚至是参与小米的发展决策。这种高参与度帮助小米维护住了大量米粉，这些米粉不仅是小米的忠实代言人，还为小米贡献出发展和经营的新想法。

其三，营造全新的消费文化，也就是高性价比，“性价比”是小米手机的最大特点。性价比也是很多消费者对于高品质低价格商品的比较稳定的需求，也有很多公司的产品主打性价比，但其他公司的性价比只是商业战术，而小米与它们的不同之处就在于小米把性价比当成了价值观。小米公司成立至今，其运营一直围绕着这一价值观，并且一以贯之，“感动人心，价格厚道”就成为小米公司的核心品牌文化基因。然后，小米公司不断地向消费者和社会公众传递这个价值观，讲小米的品牌文化故事，让关注性价比的消费者形成对小米的文化认同感，成为小米的用户。

其四，营造购买饥饿感，亦即所谓的期货营销。在产品销售方面，小米早期的成功在很大程度上要归功于饥饿营销。两大因素支撑了小米的饥饿营销 ：一是小米在手机行业首创了性价比路线，当时性价比手机只有小米手机一家在做，是稀缺物种，这让消费者翘首以待 ；二是小米手机宣传做得很到位，调动了大家的期待和紧张情绪，形成了抢购氛围。这些做法，很好地构建起了小米早期的营销理念，使之无往而不利。目前小米在销售上遇到的困境，很大程度上跟小米淡化“营”、强化“销”有关系。

讲完小米的例子，我们再说回到现在。无论技术如何发展，营销的本质不会有变化。但是，在智能经济的大环境之下，营销会呈现出跟过去不同的样貌。首先，数据实现了从创意形成到销售的全链路渗透，借助数据技术，用户可以对产品进行端到端的透视。其次，数字技术具有天然的可交互性，过去单向的推广和推送不再适用，单向销售变身为双向甚至多向的对话。再次，销售不再是个独立的环节，而是整个企业网络的一个节点，其价值来自于跟其他节点的实时协同，而非独立运转。最后，用户触点泛在化，产品网络化触达，价值传递无处不在。所有这些变化，并非削弱企业满足用户需求这一根本宗旨，而是让企业对用户需求的满足更加符合用户需求。

智能技术的引入，让用户对产品的触达门槛大幅度降低，并极大扩展了用户的触达选项，导致用户在意触达的权利胜过产品本身，所以权益比产品功能更加重要。未来的消费逻辑是，用户首先取得消费权益，进而才是消费产品的挑选，甚至在很多时候，真正消费的产品都会是免费的。这就像是腾讯视频，用户首先在乎的是VIP权益，之后才是拥有这一权益之上的产品具体价值，所以类似于腾讯视频这样的业态，权益定价成为营销的核心。权益之后，腾讯视频必须尽可能广泛地布设触达途径。

基于此，我们现在再说回小米的案例。如果小米能够坚守消费文化营造理念的话，现在的小米很可能会建立起一种小米权益生态，依托超级广泛的小米生态触点，用户在取得小米权益之后，很可能会无偿得到小米手机或其他产品，或者只需要付出极小的代价。

综上所述，泛触达是智能大环境下营销环节的重点，只有实现了泛触达，企业才有机会进行其他的营销活动。

第二节　默沟通

在上一节我们一起讨论了企业对用户的触达，但是触达只是企业进行营销的第一步，想要让触达发挥其巨大作用，还要考虑在触达的过程中是否实现了有效的沟通。沟通是人与人之间、人与群体之间思想与感情的传递和反馈的过程，以求思想达成一致和感情的通畅。因此，企业在触达用户之后，只有通过有效的沟通才能够进一步吸引用户。

长久以来，如何将广告信息与用户兴趣点无缝匹配以实现有效沟通是所有企业都要着力思考的问题。尽管广告界会不时涌现出能够广泛唤起用户兴趣的卓越创意，但稍有不慎，广告就有可能引起用户的反感。然而，过去的广告形式受限于媒介载体，其展现形式和触达范围都受到一定的限制，从而束缚了企业与目标用户群体之间的沟通效果。

在数字技术的带动下，传统的广告首先被改造成了数字广告，如门户网站，甚至又演进成了自动化广告，如搜索引擎，之后又发展成融媒体沟通，如社交平台，这些沟通方式的进化都提升了企业与用户之间沟通的效率。智能时代，企业与用户之间的沟通又会如何？想要解决这一问题，我们需要从沟通的媒介开始讲起。

媒介的演变是在传播范围和互动性这两个维度的不断权衡下得以推进的。早期没有什么媒介可以利用的时候，专事传播的人就是媒介，这种方式虽然互动性强，但传播范围有限。就如孔子讲学，门徒三千已是极限，所以孔子通过周游列国的方式来进行广泛的沟通。后来，在印刷术和造纸术的普及下，信息传播范围终于打开了，但遗憾的是，纸质媒介牺牲了互动性。再后来有了电话，虽然电话的互动性很强，但又牺牲了传播范围。再往后有了电视，电视能确保在大范围传播的时候具备临场感，但仍然没有很好的互动性。但是，沟通媒介发展到这一阶段，企业与用户的沟通格局已完全改变，诸如广告公司等专门服务于企业与用户之间沟通的行业诞生了。

直到互联网的诞生，终于可以用一个媒介平台兼顾两大传媒要素，互联网允许在大范围传播的时候保有很强的互动性。先是各种聊天室这样的多对多应用，后来又发展到BBS时代。BBS这种回文结构是主题导向的，可以围绕特定主题深入讨论，俗称盖楼，但不容易传播，主题只在板块，板块只在社区。再后来，有了博客，这种媒介扩展了主题内容和深度，并保留了BBS的回文互动性，但仍然传播不便。微博的出现，堪称互联网媒介的集大成者，一方面采用短文牵引的方式并允许回复，这就保有了BBS的优势；另一方面又允许转发，从而将社交关系链纳入了传播网络。微博是迄今为止最优秀的互联网传播媒介，自微博诞生之后，企业终于能够以大范围、高互动的方式与用户沟通了。

随着企业对运营微博的理解逐渐加深，也出现了一些成功的微博沟通案例。如盒马鲜生的官方微博账号“盒马”发起了一项抽奖送水活动，根据中奖者的体重来确定送水量。这一新奇的设定引来众多微博网友的参与，不仅大量转发，还在评论区讨论如何谎报体重，盒马则通过与网友的“斗智斗勇”不断完善抽奖规则。事件的第二波高潮来自于多家动物园微博账号的参与，这些动物园带着园内的明星动物前来参加抽奖活动，从体重165千克的老虎到4972千克的大象，超出大众认知的参赛者自然引发了网友的狂欢，纷纷转发助力动物园中奖。最终的三位中奖者虽然只是普通网友，但其中一位云南网友表示要将自己的中奖名额送给云南野生动物园的参赛者，体重960千克的长颈鹿艾米。盒马将中奖网友的回复发布至微博，并实时更新为长颈鹿送水的进度，从挑选优质矿泉水到腾空仓库储水，直到最终将赠水装车送至动物园，形成了持续的关注热点。

随着数字技术将传播范围和互动性越来越好地融合兼顾，企业与用户之间的沟通也正在以全新的方式展开。从上文盒马鲜生微博抽奖的案例我们就可窥见这种沟通方式的特点。首先，单向的广告推送让位于双向的沟通，用户很快习惯了企业能够像一个人一样与之对话了。其次，垂直沟通让位于水平沟通，用户与用户之间的沟通所包含的信息量以及沟通效果越来越高，这种水平沟通让用户时刻都能得到社群助力。再次，一次性推广让位于持续互动，企业不得不全天候运营社交媒体账号，而不是像过去那样制作好内容之后只要投放出去就万事大吉。最后，明确的议题设定让位于实时的话题漂移，虽然可以事先设定沟通主题，但在社交媒体空间里，主题随时都有可能发生漂移，所以躺枪现象频频出现。

在这样的媒介环境之下，未来企业的沟通活动势必发生很大的变化。尤其是，随着智能技术的发展，企业沟通的场景化特征将会越来越明显，沟通界面正在快速转换。之前的电视、平面广告等转换到了电脑、手机等具备交互性的界面上，未来有可能会进一步切换到语音界面和虚拟现实（VR）的界面之中。智能算法驱动的语音交互界面会成为最懂用户心的贴身秘书，很多时候，它和你之间只需要一个眼神就够了，根本无须多言。实际上，现在很多企业已经在做这样的布局了，华为、百度、海尔等大企业纷纷瞄准智能家居市场，越来越多的设备开始尝试与用户进行沟通。

此时无声胜有声，企业与用户之间的沟通将史无前例地丰富，但未必非要发出声音。沟通的本质目的是传递信息，但在智能时代，信息的传递却未必非得通过文字、语言、图片、声音、视频这样的方式。真实的情况很可能是，企业通过数据就能够瞬间读懂用户，而用户从一开始就知道这家企业或这个产品刚刚好就是他的菜。这个时候，任何传统的信息交流，就都是多余的了。听不到声音，却能流畅地交流，智能技术在沟通上的真正贡献在于，再也无须沟通，所有主体都是自来熟的。

综上所述，默沟通是智能技术背景下营销环节的必然趋势。在技术的帮助下，企业能够更好地理解用户，用户也能够以更方便的方式体验到企业的价值。

第三节 零错配

在上文中，企业花费了大量的时间、金钱来寻求与用户进行优质接触和沟通的方式，通过这些方式，企业能够更加了解用户，使企业能够为用户提供更适合他们的服务或产品。然而，这种理想状态不仅需要企业对用户足够了解，还需要企业调整自身的生产或业务来和用户进行准确匹配。

不幸的是，由于“牛鞭效应”的存在，企业往往难以对用户的需求进行及时响应。“牛鞭效应”指供应链上的一种需求变异放大现象，即信息流从最终客户端向原始供应商端传递时，无法有效地实现信息共享，使得信息扭曲而逐级放大，导致需求信息出现越来越大的波动，此信息扭曲的放大作用在图形上很像一个甩起的牛鞭，因此被形象地称为牛鞭效应。这种效应是市场营销中普遍存在的高风险现象，是销售商与供应商在需求预测修正、订货批量决策、价格波动、短期博弈、库存责任失衡和应对环境变异等方面博弈的结果，加大了供应商的生产、供应、库存管理和市场营销的不稳定性。

“牛鞭效应”往往存在于供应链的全过程中，并由销售端向制造端逐级放大。例如，宝洁公司在考察尿不湿类产品的市场需求时发现，这类产品的零售数量基本较为稳定，但分销中心的订货情况变动程度很高，而分销中心是根据销售端的需求汇总进行订货的。究其原因，是因为零售商为了预防客户需求出现变化，会在现实销售情况及历史销量的基础上做一定放大，再向批发商订货，批发商出于同样的考虑进一步放大了需求。因此，尽管消费者的需求波动不大，但制造端收到的订单需求却存在较大的波动性。

因此，供应链和物流配送网络往往难以相互匹配。无论是供应链还是物流配送网络，其最终极的目标都是在合适的时间合适的地点以合适的方式将合适的货物送到合适的需求方手里。然而，要达到这么多的合适，几乎是个不可能完成的任务。再加上，生产存在滞后期，运送也存在着交货周期的问题，最终导致供给和需求之间错配严重。错配会带来两个问题，一是有需求的货物没有送到，结果错失了满足需求的机会，从而带来缺货成本，也就是一种机会成本；二是有货物的时候需求疲软，结果产生了大量的库存，形成了库存成本。这两种成本在传统的供应链上只能被尽可能地管控，却不能予以消除，甚至在很多时候，对这两种成本的管理效果与赌博无疑，完全靠运气。

针对这种情况，企业界曾经尝试过无数种解决办法，有的引入数据分析的办法来预测需求，但效果甚微，因为需求的波动瞬息万变，很难通过数据一劳永逸地准确预测。有的采用就近供给的办法，在贴近需求的地方设立生产基地，以便及时响应本地需求，在空间上实现生产与需求的近距离衔接。这种办法也有问题，因为本地的有限需求往往很难支撑规模经济，同时还会受制于本地的用工成本及配套设施等因素。还有一种做法是末端个性化，即对产品建立通用槽，之后在末端进行个性化组装。

此外，企业也偏向于使用多种策略进行组合来减弱“牛鞭效应”的影响。沃尔玛公司的主要经营产品是食品和日用品，这些商品需求波动较大，因此供应链中的“牛鞭效应”对沃尔玛的发展影响巨大。为了减弱这一影响，沃尔玛采取了构建高效物流、联系上下游等方法。首先，沃尔玛建立了集团内部24小时计算机物流网络化监控，使得采购、库存、订单、配送一体化，大大节省了物流配送的成本和时间。其次，沃尔玛从进货渠道、分销方式、行政开支等方面节省大量资金，保持商品价格的稳定。商品价格波动减少后，供应商能够更加准确地预测供货量等信息，进一步降低了沃尔玛的销售成本。最后，沃尔玛会参与上游供应商的生产计划，并将用户的意见及时反馈给上游供应商。通过增加上游对用户的反应速度，沃尔玛最大限度地降低了“牛鞭效应”的不良影响。

虽然上述做法都在某些场景下取得了一些效果，但供需错配的矛盾依然存在，甚至还很突出。背后的原因主要在于，一是跨越供应链各个环节的数据共享存在延迟和障碍，二是生产与消费的空间分离。

我们通过产销分离，做到了生产和销售的规模经济，但给产品转运制造了巨大的麻烦，不但人为设置了信息隔离，并且需求响应相当不及时。

如何解决这个问题呢？这要等待数字技术的进一步发展，尤其是物联网溯源技术、智能技术以及3D打印技术。其实，过去的供应链虽然是依据需求进行响应的，但需求信息的上行和商品的下行这两条路线是在时空上相互分离的。也就是说，在信息流转与商品流转之间，存在着时间和空间上的缝隙。解决消除错配的根源在于，让信息和商品在时间和空间上无缝衔接。如何做到这一点？

第一，必须实现信息的平台化共享，而非沿着供应链传递。这需要在全产业链范围内进行数据采集与聚合，变链条式传递为平台化共享，每个数据包都是多向度链接的，这方面物联网溯源技术可以提供很好的支持。

第二，重新折叠生产与消费的关系。过去是设计—生产—运输—使用，未来是使用—优化—再使用，也就是说未来的产品很可能是活产品，活产品与传统长期固定的产品大不相同，它是一种在设计时生产和销售，在销售时设计和生产，在生产时销售和设计的经常变动的产品。个性化的需求满足来自产品的进化，而非现在通行的升级换代，这需要为产品构建数字孪生体。正是活性的数据才让僵尸型产品不断焕发各种可能性，数字孪生体可以勾连无数产品。

第三，使用即生产。借助数字孪生体，我们使用产品其实就是在生产产品，也就是说，未来的产品是平台型的，用户对平台的使用实质上就是在生产属于自己的产品，产品不再需要专门的机构在空间上独立出来予以生产，而是用户在使用的过程中不断予以产生和进化的。例如，你用微信的时候就是在生产自己的产品，这个产品叫朋友圈。最后，数据的比特态与物体的原子态会最终在3D打印技术的支撑下合二为一，比特即原子，原子即比特！所以，零错配的终点是，无须配！

综上所述，企业希望能有方法实现与用户需求的零错配，而随着数字技术的发展，使用与生产的界限被打破了，因此企业无须再寻求与用户的匹配，由错配产生的成本也会大大减少。

第四节　逆忠诚

通过前面的论述，我们讨论了企业应该如何与用户进行触达、沟通和匹配，接下来我们将讨论另一个重要的营销问题：企业要为哪些用户提供服务？由于生产端的飞速发展，用户成为供需关系的主导。因此，企业期望通过营销环节发展足够多的用户，进而激发足够多的需求。受到“发展一个新用户所花费的成本是维系一个老用户的5倍”这句话的影响，企业在发展用户的过程中会注意培养自己的忠实用户。每家企业都希望通过用户关系管理来提升客户的品牌忠诚度，进而发展并留存自己的忠实用户。

随着营销理念从交易范式向关系范式的转换，客户关系管理成为每家企业的重点工作。用户关系管理（Customer Relationship Management，CRM），是指企业为提高核心竞争力，利用相应的信息技术以及互联网技术协调企业与顾客间在销售、营销和服务上的交互，其追求的目标即是客户忠诚。通常而言，用户忠诚源自用户满意，而忠诚的用户不仅会反复购买企业的产品，还会推荐别人购买企业的产品，所以让用户对品牌保持忠诚不仅能够形成情感上的连接，在经济上也是有利可图的。因此，在很长的一段时间里，企业通过用户关系获得了巨大的竞争优势和利益。

当然，用户对品牌的忠诚有时是虚假的，也就是说，虽然行为上很忠诚，但内心里并不认同。造成这一现象的原因是转换障碍：在转换障碍很高的情况下，用户即便不满意，也不得不忠诚，因为用户没有其他的替代选项。同样的道理，当转换障碍低的时候，用户即便满意了，也未必忠诚，因为用户总是倾向于寻求多样化的产品或服务。在大部分情况下，用户并非不满意企业的服务或产品，而是想尝试其他品牌是否也能够满足他的需求。

在用户忠诚的理念指引下，企业对用户的真切看法就变成了这个用户的用户生命周期价值（Customer Lifetime Value，CLV）。也就是说，这个用户一共待在企业身边多长时间，且在这段时间里总共给企业贡献了多少价值。基于此，营销人员的工作就是，尽量把用户留在身边（用户维系），尽可能提高每次交易的价值（客单价），只有这样才能提升用户生命周期价值。那些用户生命周期价值高的用户就被称作VIP用户，处于用户价值金字塔的顶端。所以，这种理念的核心是，全力提升单用户的收益，不仅要从VIP用户身上取得尽量高的利润，还要想办法让普通用户进行更高的消费。

问题的关键在于，当企业拼命追求用户对品牌忠诚度的时候，你想过品牌对用户是不是忠诚吗？企业在过去的策略似乎是只要能够给企业带来最多交易额的用户就是我尊贵的客人，而为了满足这些VIP用户的诉求，企业实际上牺牲了更多的潜在收益。更加要命的是，随着数字技术的普及，追求传统意义上的忠诚度不但越来越难，在经济上也是得不偿失的。因为数字技术的一大影响就是大幅度降低了转换障碍，用户更换品牌变得越来越容易。如果再去人为设置转换障碍，可能会成为企业成长最大的障碍，不仅挡不住用户流失，还会阻碍公司前进。

那么，在人工智能时代，企业应该怎么做呢？答案是试试对用户忠诚，也就是逆忠诚。逆忠诚的意思是，别老想着让用户忠诚于你，企业应该让自己去忠诚于用户。为什么要忠诚于用户？除了前面提到的转换障碍降低的原因，新的消费主张是营造用户体验，而不是想方设法说服用户购买。这样一来，标准化或轻度定制化的产品和服务的效应空间就极其有限了，营造极度个性化的、无可替代的体验就成为赢得用户芳心的关键。

那么，企业要怎样向用户效忠？

第一，理解每个用户的价值主张，正如我们之前让用户理解品牌的价值主张一样，价值认同是忠诚的起点。所幸，数字技术给我们提供了理解客户价值主张所必需的数据。通过重构渠道和接触点，企业能够收集到足够多的用户的相关数据。

第二，价值观调频，即将企业的产品、服务甚至场景重新组织，以便迎合用户的价值主张，只有能够强化用户价值主张的产品或服务才是用户真正需要的。要做到这一点，需要大数据分析的支持，即用全域数据分析来服务于局域的价值诉求。

第三，超前服务，也就是在用户还没有意识到自己需要服务时，为用户提供相应的服务或产品。超前服务不是在还不需要的时候就提前服务，而是在用户需要的时候企业已经做好了万全的准备，不多也不少，正正好。

第四，共同创造，企业必须拥有与用户共同创造某种东西的经历，并且在这种历程中展现出企业的不可替代性，没有共同经历的忠诚是靠不住的。

以上四点似乎是个不可能的任务：每个用户都是独特的，企业怎么可能都效忠？再说了，效忠了A客户之后，又怎么可能效忠于价值主张完全不同的B客户呢？确实如此。逆忠诚向来不是一件轻松的事情，但不这样做是没有出路的。还好，智能技术为我们提供了有前景的解决方案，试想一下，当每个用户都与企业或平台建立起数据联系的时候，企业将会以数据为媒介构建起各个客户的数据镜像，这个数据镜像将在智能算法的驱动下，向着超级个性化一路狂奔，企业和客户共同创造了这一切。你效忠于他，其实他也效忠于你！

当前UGC（User-generated Content，用户生成内容）是企业实现逆忠诚的方式之一。Usa'a'aGC的实质是一种面向业余用户的内容生产，强调内容生产的去权威性、去专业性，且伴随着以提倡个性化为主要特点的内容生产。换言之，UGC就是一种内容创作大众化的传播模式，用户不用遵循专业的创作规律，以自身的兴趣和特点就能进行创作。在抖音生活服务视频板块中，UGC投稿数最多，推广力最稳，热度持续最长，而且是商家与消费者最直接产生互动、加深联系的一种必要方式。对店家而言，UGC能够帮助商家提升门店POI的热度/榜单/排行/POI团购页面的订单转化率；对品牌而言，UGC能够提升品牌知名度和用户对品牌的信任度，强化用户的心智认知；对消费者而言，UGC能够满足消费者的表达感受，强化信任感、真实感、同理心。在消费者注意力碎片化的时代，短视频营销亟须通过UGC互动抓住用户的长尾需求，以云计算、大数据、人工智能等数字化工具为底盘，精细化运营“留量”，实现营销效果的螺旋式上升。人工智能技术深刻改变了短视频营销过程，当前的短视频营销将品牌、产品融入视频中，通过剧情、段子的形式演绎出来，在播放过程中，水到渠成地将产品推荐给用户，使用户产生共鸣并主动下单和传播分享，从而实现裂变引流。与传统的图文传播相比，短视频传播的内容更生动丰富，用户的即时参与性、互动性都更强。到2022年9月，短视频用户规模已达9.62亿人，短视频营销价值愈加凸显，社会将进入全民视频营销时代。

综上所述，企业寻求用户对自己忠诚的时代已经接近尾声，现在企业需要向用户展现自己的忠诚，也就是要通过人工智能等技术进一步了解用户，为用户提供超个性化的用户体验。

第五节 大魔丸

对于企业而言，除了高CLV的VIP客户是需要努力争取的目标，在市场中还存在着大量的低CLV消费者和尚未与该企业建立联系的潜在消费者。这些目标人群尽管无法为企业带来单笔的大额收入，但由于其数量庞大，因此同样可能为企业带来相当可观的利润。但是如何将商品信息传达给这一群体中的每一个人呢？这就要依靠广告了。

广告有很长的历史，古时候小贩走街串巷的吆喝就是广告的一种形式。此外，如“酒香不怕巷子深”这句话，关键点在于“香”字，也意味着酿酒的人、卖酒的人可以通过酒的香味向潜在消费者传递产品信息，酒的香气就是一种形式的广告，让潜在消费者在真正接触到产品之前就产生了进一步了解甚至是购买产品的欲望。

除了借助香味（嗅觉）来传递产品信息，触觉（触摸）、味觉（试吃）、视觉（观看）、听觉（收听）这些感官都被开发出来用于产品的推广销售了。在媒体普及且门槛降低的当下，建立在视觉和听觉上的广告愈加泛滥，各种平面、音频、视频形式的广告信息铺天盖地，不断提醒着用户还需要买点儿啥。用户不知不觉中已经习惯了广告的存在，同时研究广告、制作广告的人也不断增加，一度将广告升华成了一门艺术。

无论广告的形式如何，其最终目的都是将特定的产品信息植入用户的大脑，在被分析处理之后唤起用户的购买欲望，继而激发购买动力，最终采取购买行为。传统营销理论和广告学用多如牛毛般的方法和工具告诉了我们一个基本事实——信息可以促动行为。

但是在过去想要完成从信息到行为的惊险一跳绝非容易的事情，即便企业已经确知信息对于促动行为的重要性，但是信息是如何被用户捕捉并转化为行为输入的问题，不管在心理学还是在营销学中，都属于黑盒子式问题。也就是说，企业能够观察到输入和输出，但很难梳理清楚盒子内部的精细运行机理。正因如此，过去的广告基本上采用了多多益善的逻辑，尽量让大众接触到的产品信息达到饱和甚至溢出状态，这种情况下尽管广告的受众不一定全是企业的潜在消费者，但如此高密度的广告总能触达一些企业的目标群体。

早期媒介理论学家曾经认为广告宣传就像子弹命中大脑，信息是子弹，宣传渠道是枪管，宣传机构就是扣动扳机的手指头，在多方配合下就可以一举将想要被公众了解的信息准确射入公众的大脑，这就是著名的魔弹理论，又被称皮下注射理论。在这一理论观点指导下，大众传媒迎来了大发展，一旦精心准备的信息魔弹就绪，就可以发动宣传机器，精准地将这些子弹射向目标大众，并期待大众会随之中弹倒地。

这种理论观点无疑过分夸大了大众媒介的威力。且不说信息根本不会像子弹的穿透力那么确定，即便能够保证同样的穿透力，也存在着受众个体能力差异的问题。例如，有的人更加善于处理信息，而有的人并不善于处理信息；有的人乐于接受信息，而有的人就不乐于接受信息。还有一些人，他们与新的信息几乎是绝缘的，信息弹射到他们身上根本不会被捕捉，除了滑落掉地什么也不会发生。然而，基于消费者的身份认同感，他们总是愿意听信其他消费者的意见。基于此，后来的传播学者又提出了两步流转模型，也就是说信息是通过类似于意见领袖这样的信息中介被二次传播到一般大众的。两步流转模型诞生后，企业将广告的重心转移到了明星和网红身上，通过充分发挥名人效应吸引用户进行购买。

实际上，不管是魔弹理论还是两步流转模型，都基于一个基本前提，就是信息是单向传播的。然而进入互联网时代之后，媒介实现了强交互性，这个时候的信息传播就不再是单向传播，广告模式也随之发生了重构。以雅虎为代表的门户网站，将信息推送转变为信息拉取，从而让广告迈入效果付费的时代。之后以谷歌为典型代表的搜索引擎，又将信息拉取与竞价排名相结合，让广告进入关键词实时匹配时代。再到后来的社交媒体出现，又借助信息流成功地将广告进行了推拉结合，例如微博、朋友圈和今日头条。从整体上看，上述进展使广告进入一个复杂交互的时代，每个人都可以是广告的接收者和发出者，人们可以随时随地受到魔弹袭击，并马上向另一个人发射魔弹。

伴随着智能技术的渗透，目前的广告正在向着交互反馈的方向发展。首先，智能时代可以获取的用户信息范围被大幅拓展，对用户偏好划分的颗粒度将越来越小，相当于拿着显微镜观察你；其次，数据流动替代信息获取，在智能时代，不管是信息获取还是信息推送，都将变得没有太大意义，实时的数据更新才是关键，所以广告会以数据的形式实时汇入用户数据流；再次，数据营造场景，场景激发行动，未来的广告是数据活体，无处不在又随时可变，受体验感召，是行为的舞伴；最后，用户与数据活体之间将产生强烈的反馈效应，广告就像是用户的量子共生态，用户在成长，广告在进化，因为用户的成长广告得以进化，因为广告的进化用户得以成长。

综上所述，用户和广告之间的关系，就像是病人和药丸，是互相反馈、互相进化的关系。当用户习惯于现在的广告甚至熟视无睹，广告就需要做出新的进化以重新打动用户。而在人工智能时代，广告就像是针对每个用户的特效药，会随着用户进行进化从而发挥出前所未有的影响力。

第 十 章

产业智能化的升维路径

第一节　数生万物

产业智能化的路径可以分为四个步骤。其一，抢占数据入口，找到数据自喷井。数据就像是沉睡在地下的石油，需要钻井设备把原油找到并抽出地面，当然最好能够打出“自喷井”，让数据自动喷射出来。这方面，除互联网平台外，空间无比巨大。互联网流量带来的只是表面上的数据，而未来我们可以挖掘的数据资源实在太多。想象一下，一座工厂会产生多少数据？是不是每座工厂都是一座数据自喷井？其二，训练智能算法，提炼数据价值。智能算法是把原油提炼成汽油或柴油的过程，原油不能直接驱动汽车，只有提炼成汽油才可以。当然，数据的提炼更具延展性，因为除了涉及大量的化学反应过程，还会自我繁衍，也就是提炼本身会带来更多的可用数据。其三，智化场景。人工智能对场景的智化过程在很多时候将是升维进化的，可能起先只瞄准一个点的效率提升，紧接着蔓延到一条线，而后整个面，最终是全新的体。从点到线到面再到体，升维跃迁取决于每一个步骤的“十倍速效应”。只有产生了十倍速效应，才能完成从低维向高维的跃迁。其四，腾笼换鸟，孪生经济成型。经过升维智化以后，业务形态将会是完全由算法指挥、数据驱动的孪生经济，原子世界和比特世界共生却分层，价值创造不再依托于任何原子世界的投入，进入自我繁衍的新时代。

归纳起来，智能经济的四大要素是数据入口、智能算法、智化场景、共生生态。迎接智能经济的正确姿态是，找数、算数、用数、生数……也即，万物皆数！

第二节　数据入口

产业智能化的第一步在于抢占数据入口，找到数据自喷井。在自动化的时代，石油是最重要的资源之一，抢占石油资源，寻找石油自喷井，一直都受到各国关注。地球具有十分丰富的地下石油能源，其含碳量非常高，因此常常被当作重要的能源使用，工业上的很多领域都离不开石油。虽然石油资源较为丰富，但是它本质上属于一种不可再生资源，生物的尸体至少需要200万年的时间，才能转化成石油。因此，在国际舞台上，石油作为一种重要资源，被当成重要的战略储备物资，对于石油资源的争夺甚至是历史上许多重大战争的导火索。

而在智能化时代，数据同样像是沉睡在地下的石油，蕴含着无穷的价值，但就像人类需要钻井设备把原油找到并抽出地面一样，数据只有被挖掘出并合理利用才具有更大的价值。最好的方式就是能够打出数据的“自喷井”，让数据自动喷射出来为人们所用。自喷井是完全依靠油层天然能量将油采出地面的油井。当通过钻井、完井射开油层时，由于油层岩石与孔隙空间内的流体失去平衡状态，井中的压力低于油层内部的压力，在井筒与油层之间就形成了一个指向井筒方向的压力降，不但可以将原油驱入井底，还能将原油从井底举升到地面。由于自喷开采依靠油层的能量，所以自喷井地面设备简单，管理方便，产量也较高，是最经济的采油方法。

由此我们可以推断，如果数据自喷井被打造出来，那么它将具有以下几点特征。

首先，数据自喷井所采集的数据是流动的，因为流动才能产生迸发而出的能量。静态数据是指在运行过程中主要作为控制或参考用的数据，它们在很长的一段时间内不会变化，一般不随运行而变。而动态数据则包括所有在运行中发生变化的数据以及在运行中输入、输出的数据，在联机操作中要改变的数据。在现实世界中所用的数据大部分都是动态的，例如，人使用手机所产生的数据信息，人通过微信实时通信产生的数据缓存等，并且这部分数据大多是相关联的。在计算机领域，关联数据描述了一种发布结构化数据的方法，使得数据能够相互连接起来，便于更好地使用；而在数据可视化领域，我们可以将有联系的动态数据连接起来，通过数据关联进一步做相关性分析，更大地挖掘数据中的可利用价值。

其次，数据自喷井所采集的数据可自我喷发，这得益于数据体量的庞大。现在人们在日常生活中越来越离不开智能设备，我们醒来的第一件事就是要看看手机有没有消息，在吃早饭的时候也要刷一刷新闻资讯，出门可能会选择扫一个单车或叫个"滴滴"……这一切行为的背后都会产生一系列的数据，更何况这个世界上有这么多的人和机器，会产生无穷无尽的数据集，导致数据具有外溢的条件，这些数据只是在等待一个被钻开的机会，一旦被挖掘，就会自动喷涌而出供人们分析使用。

此外，数据自喷井的工作方式既简单又高效，不需要太多人力参与。随着互联网的不断发展，未来我们将会步入智能经济时代，到那时很可能不会再有寡头企业对市场进行垄断，而是一个众多企业百家争鸣的局面。这些企业就像一个个的蜂窝入口，每一个入口都能通往"甜蜜”的核心。只要企业能够找到合适的数据入口，打造属于自身的数据自喷井，那么便不再需要耗费大量的精力挖掘数据，不再需要数据的倒灌，而是数据主动地喷发出来供企业所用。总的来说，数据自喷井就是自动喷发动态数据的新型数字基础设施。

对数据自喷井这一概念梳理清晰之后，我们就需要考虑哪些场景具有潜在的数据自喷井呢？答案是任何场景都会有数据自喷井。大到国家层面的政务、经济交流往来产生的通信数据，小到每个人都是一个“数据自喷井”，我们基于互联网的任何操作都会产生数据并被记录下来，甚至未来还可能出现宠物智能设备，小猫小狗的行动、习惯也都会产生数据并被分析，可以说，只要是基于互联网的应用场景都有可能产生数据自喷井。

以目前十分火热的自动驾驶为例，《中国互联网发展报告（2021）》显示，2020年，我国智能网联汽车销量为303.2万辆，同比增长107%，渗透率保持在15%左右。报告预计到2025年，我国L2、L3级（在特定环境中实现部分自动驾驶的操作）智能网联汽车销量将会占到全部汽车销量的50%。而仅仅是一辆智能网联汽车每天都能收集至少10太字节的数据，其中包含驾乘人员的面部表情、动作、声音数据，以及车辆地理位置、车内及车外环境数据、车联网使用数据等，可以想象在未来，智能网联汽车将会产生多么庞大的数据集。

除了自动驾驶，未来我们可以挖掘的数据资源远不止于此，想象一下，一座工厂会产生多少数据？大大小小的生产车间在日常生产运营的过程中会产生数据，各个车间的组织生产管理、安全生产管理也会产生数据，甚至工人之间的聊天内容、机器的各项操作也会形成数据。更为重要的是，数据自喷井具有推动工业互联网平台从“建起来”到真正“用起来”，并赋能“千行百业”的无穷潜力。数据自喷井作为一种新型数字基础设施，能够自动汇聚并释放工业数据价值，促进工业互联网企业打造可信数据自由流动，推动企业在智能制造、流程优化等方面应用服务的改善。

那么究竟是不是每座工厂都会有一座自己的数据自喷井呢？答案是肯定的，随着数据自喷井概念的不断完善，其开发方法的日益健全，只有打造数据自喷井的工厂才会在激烈的竞争中生存下来。想象一下，当别的企业数据都主动喷发供企业分析使用，企业不再需要耗费大量的数据挖掘成本时，那些还在费力自己挖掘数据的工厂，无论它的挖掘方式多么智能和节省，也远不如数据自喷井产生数据的速度更快，效率更高，覆盖更全，等待这些企业的结果只有淘汰。所以最终形成的局面就将会是每个工厂都有自己的数据自喷井，数据自动喷发并产生价值，提高企业生产效率，提升企业行业竞争力。

第三节　智能算法

数据对企业的创新发展十分重要，企业获取数据不是最终目的，从数据中挖掘并沉淀知识才是发挥数据价值、提升业务创新和效率的关键。数据价值的提炼需要智能算法模型，这个过程与从石油中提炼汽油如出一辙。

在现代，石油被称为“工业的血液”，逐渐取代了煤炭在生产生活中的地位。虽然石油是人类重要的能源，但石油需要从原油中进行提炼才能使用，而原油是一种成分十分复杂的混合物，不能用于直接燃烧。原油的主要成分是碳和氢，还有几百种不同类型的烷烃、环烷烃、芳香烃等。将这些物质经过分离，才可以提炼出生活中所需要的汽油、柴油等燃料，我们一般称这个过程为石油精炼。

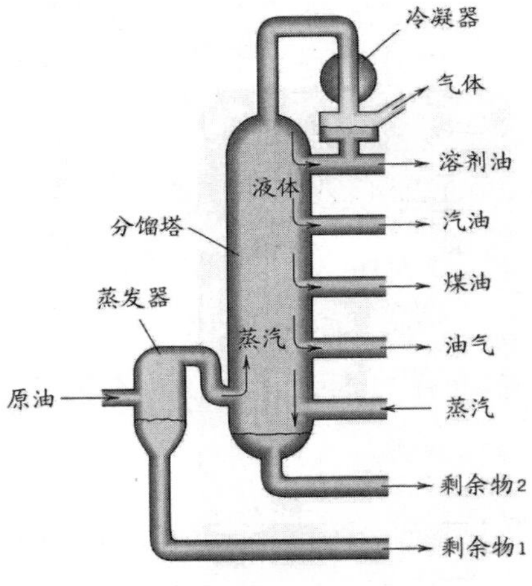

图 10-1　石油分馏加工示意图

最开始化学家们为了将原油中的各种组分分离出来，采用了分馏的方法（见图10-1）。利用各物质的沸点不同，对原油进行加热，蒸发出不同的物质蒸汽，再对蒸汽进行冷却液化。在蒸发的过程中首先沸腾的是汽油，因为汽油的沸点较低，在30~200℃。而柴油的沸点在180~410℃，比汽油沸点高，因此可以将两者单独分离出来。这种原油蒸馏的方法可以得到原油半成品，再通过精确控制温度，使特定沸点的组分挥发出来，就可以精确提炼出各类油气。

数据就是智能时代的新石油，已经成为一种新的能源形式。随着物联网、机器生成数据方面的飞速进步，数据体量开始爆炸性地增长。根据国际数据中心IDC的监测数据显示，近些年全球大数据储量的增速每年都保持在40%，2020年全球数据总量约为51泽字节，截至2025年全球数据存储容量将高达每年19.2%的复合增长率。大量的数据流通为智能时代提供了最基础的服务。数据构成复杂，资源丰富，具有极高的使用价值，但是如果海量的数据没有经过提炼，就不能被真正使用。

只有被提炼后的数据才可以产生具有价值的洞见，这一过程被称为数据清洗、数据准备或者特征工程。数据清洗与提炼过程需要用到智能算法。美团的“超脑”算法系统能够基于海量的复杂数据，在高峰期可实现每小时路径规划29亿次，为骑手规划一次路线平均耗时0.55毫秒，将送餐时间不断缩短到30分钟以内。这一智能算法系统充分挖掘了数据的价值，实现了配送效率和用户体验的提升。亚马逊创始人贝佐斯发现电商交易的真正价值在于交易数据和累积的客户，于是发明了算法推荐引擎。推荐引擎是建立在算法框架基础之上的一套完整的推荐系统，能够缩短用户的决策时间。亚马逊购物网站有35%的页面来自它的推荐引擎，将其深度整合到购物流程的方方面面，从商品发掘到结账付款，几乎无处不在。

智能算法提炼数据是为了提高数据的价值。为了检验数据有无价值，需要看能否面向特定应用场景和应用目标来提炼出为企业所用的特定数据集。在这方面，英特尔走在了时代的前列。自从转型成为一家以数据为中心的公司，“数据是未来的石油”已经成为英特尔高管最常提起的一句话。近年来英特尔每年都在根据行业发展进行转型，逐渐加快了把数据原油提炼成石油的脚步，开始不断将数据深度学习应用在语音交互、人脸识别、自动驾驶当中。提炼数据原油包含两个关键过程，一是不断更新的算法和算力，二是要在合适的场景中让数据产生价值。英特尔在构建算力和网络基础建设上提出了多种业界领先解决方案，一方面借助内置的人工智能，满足数据中心未来对数据提炼的需求，另一方面采用全新的架构策略，整合了通用、定义行业发展的平台，实现数据的价值赋能。利用英特尔的边缘计算与人工智能相结合的智能算法模型，京东的无人便利店实现了智能化的“人货场”；在自动驾驶领域，采用英特尔技术的谷歌旗下Waymo车队，在美国道路上已积累的自动驾驶汽车里程数据，远超其他自动驾驶车队；苏格兰创业公司Cyberhawk使用英特尔Falcon 8+无人机对天然气接收站进行检测，不仅解决了工作人员的安全问题，也提高了检测的速度和准确性。

除了英特尔，近些年百度、谷歌、微软、英伟达等科技巨头也纷纷投入大量人力、财力推出各自的巨量算法模型，例如OpenAI的NLP大模型GPT-3，模型参数1750亿，耗资超过1200万美元。人工智能算法模型的训练需要根据场景采数据、标数据，而标注的数据数量和质量是决定模型效果的关键。但是，预训练AI大模型采用了自监督学习模式，不再需要人为标注数据，它采用无标注数据的自监督学习做预训练，基础模型学习的数据越来越大，同时模型也越来越大，再结合面向场景的迁移学习解决了很多问题，可以高效地从井喷式产生的数据中进行学习。自监督学习方法让模型对海量无标注数据中的规律和知识进行提炼，学习，这样形成的预训练大模型就成为基础模型，在基础模型之上来面向任务和场景应用时，就只需少量的任务标注数据，通过微调就可以得到在应用场景中非常好用的模型。

例如，百度大模型算法系统能够在业务场景中不断使用，验证，迭代，并在实际的产业实践中学习知识规律，再将大规模的知识和海量的无结构数据进行融合学习。具体到某个应用场景而言，例如，医院的病案质量控制一直是痛点需求，工作人员每天要核对大量的病案，对其中病历进行质量抽检。在病案室工作的医生由于自己专业领域知识的限制，其实无法做到对所有科室的病历都有非常准确的分析和判断。而百度推出的文心大模型在基础模型上加入医学专业知识、药典、医学大百科等一系列知识，再次训练得到医疗行业相应模型，在应用中能够通过进一步针对临床数据的持续学习，掌握经验知识，这使得模型最终掌握的知识量远超一位医学博士，可以100%地进行病历的智能扫描分析。

但是，数据也不同于煤炭、石油等不可再生的物质资源，这一点体现为数据的延展性非常高，数据资源可重复使用产生新价值。延展性（ductility and malleability）是物质的一种机械性质，表示材料在受力而产生破裂（fracture）之前，其塑性变形的能力。通常而言，在外力作用下能延伸成细丝而不断裂的性质叫延性，在外力作用下能碾成薄片而不破裂的性质叫展性。

正是数据的延展性使得数据能够依据不同的场景，自我塑性变形适应场景。首先，数据具有相关性，数据被使用和计算的次数越多，产生的新数据也就越多。数据的提炼本身会带来更多的可用数据。其次，数据的价值体现在塑性变形，即数据能够适应不同的场景，但是需要用智能算法对数据进行精细和提炼才能实现。最后，数据具有复用性，同一数据集可多次使用，并不是像传统能源一样的损耗品，合适的智能算法工具得以体现数据的延展性，从而进一步发挥数据价值。

未来，在纷繁的数据中找到规律和结论并创造价值是核心思路，更加优化的智能算法模型也将深刻改造传统的业务数据流程，进一步提高企业竞争力。

第四节 智化场景

人工智能赋能产业智能化的过程是不断升维进化的，遵循“点线面体”四个过程。点，即局部的点状的人工智能智能化实践；线，即按业务条线进行划分，将各个点状的智能化实践进行连接，形成完整的业务智能化条线，实现业务条线的整体协调和联动；面，即对点和线进行深度连接，使得产业平台联结的特征更加明显，各企业间的物资流、资金流、数据流、业务流、信息流、人才流以及技术流全面打通，实现产业中企业间整体的智能化；体，即构建智能化生态体系，实现整个产业链上下游的连接、打通和融合，增强企业竞争力。

点线面体的升维过程在中新天津生态城的建造过程中有着很好的体现。2022年中新天津生态城（见图10-2）的城市管理运营实现了从“被动处置”到“主动干预”的全面升级，作为新一代人工智能创新发展试验区的核心区，中新天津生态城以“城市大脑”系统为切入点，持续赋能城市建设和城市管理。在搭建起“城市大脑”后，中新天津生态城以智慧城市为重点布局场景，依托“城市大脑”汇聚了建设、环境、医疗、教育、养老、应急等18个领域的数据，以数据为资源，从“城市大脑”这一根本点发散出多个智慧场景的业务线。

图 10-2 中新天津生态城鸟瞰图

为了不断增强“城市大脑”的实用性，扩大其覆盖面，以便广泛地调动散落在城市各个角落里的资源，中新天津生态城不断丰富“大脑”里的智能模块。2022年在原有智慧交通、智慧环保、智慧民生、智慧城管、智慧政务、智慧消防、智慧康养的基础上，中新天津生态城又拓展了智慧气象、智慧医疗、智慧教育、智慧燃气等模块，进一步丰富了现有的智慧场景业务线。更为重要的是，中新天津生态城将各个场景打通，实现数据共享和互联互通，完成了线汇聚成面的飞跃。在智慧教育模块，城市气象、交通、医疗等数据通过“大脑”接入校园，“城市大脑”为学校管理赋能，例如，当校园发生火情等突发状况时，现场情况将在第一时间被反馈至“城市大脑”，“大脑”就会快速启动应急处置。下一步随着智慧教育模块的不断完善，生态城图书馆、安全体验馆等科普场馆的城市资源也将通过“城市大脑”接入学校，进一步扩展智慧场景的覆盖范围。最后，秉持着统一规划、统一建设、统一管理、统一运维、分权使用的原则，中新天津生态城宛如一个大的生态圈，其中的各个智慧场景相互协作，互联互通，充分运用大数据、云计算、人工智能等前沿技术，不断深化智慧城市建设，让城市治理变得更加智慧，更加高效，更加精细。

管理学之父彼得·德鲁克曾将我们现在所处的时代形容为“十倍速时代”。因为现在变化都是以十倍速在进行，企业的成功和失败也都是以十倍速在进行。在这个高速变化的时代下，只有智化场景中的点、线、面、体每一个步骤的飞跃都经历十倍速的乘数效应，整个升维进化过程才能顺利完成。自动驾驶领域中就包含着许多十倍速场景，尽管自动驾驶技术不断迭代，但如何将其进行商业化改造一直是横亘在所有自动驾驶从业者面前的一座大山。现在，许多智能化企业已经将目光瞄准了环卫、干线物流、港口、矿山等场景，在这些场景下自动驾驶的商业化号角已经吹响。

仙途智能在2017年选择瞄准环卫这一赛道进行自动驾驶的商业化布局，并且一直坚持到现在。目前仙途智能已在自动驾驶商业化道路发展6年，自动驾驶的商业化改造涵盖所有环卫车型，包括垃圾清运车和洒水车，实现了对室外清扫场景的全场景覆盖（见图10-3）。仙途智能的产品和服务先后在瑞士、德国、美国以及中国北京、上海、广州、郑州、苏州、合肥、南京、西安、青岛、唐山等全球20座城市商业落地。

仙途智能借助自身标准化的车辆和平台技术，以及在感知、决策、规划方面经验数据的积累，能够采用堆“乐高”的方法快速完成技术迭代，产生了十倍速效应，这使得仙途智能能够将现有应用更加快速地拓展到其他的场景，实现点到线的飞跃。具体而言，以城市道路的环卫为点，仙途智能还突破了隧道、港口、高架、机场跑道等特殊运营场景，连成了独具一格的业务线。与此同时，仙途智能也在不断拓展商业模式，除提供车辆技术服务和环卫一体化服务外，也在探索“车辆销售+改造研发”的深度合作模式。正是得益于领先的自动驾驶技术实力，仙途智能在拓展业务和智化场景时能实现十倍速效应，其业绩预计将实现数十倍的增长，并且持续保持良好的增长态势。

图 10-3　仙途智能自动驾驶清扫车队

综上所述，人工智能等技术对于很多场景的智化过程都将会是升维进化的，起先可能只需要瞄准一个点进行深入挖掘，不断提升效率，然后由点连成一条线，再由线不断搭建，编制成面，最终形成全新的体。此外，从点到线到面到体的升维跃迁还取决于每一个步骤的十倍速效应，只有产生了十倍速效应，才能够实现从低维向高维的跃迁。

第五节　共生生态

经过升维智化以后，终极业务形态将会是完全由算法指挥、数据驱动的孪生经济，原子世界和比特世界共生但分层，价值创造不再依托于任何原子世界的投入，而是进入自我繁衍的新时代。上世纪40年代，数学家香农提出的采样定理是数字化技术的基础，基于香农定理的现代数字技术，可以通过对物理世界的感知构建出完整映射的数字世界。数字世界的出现，使得我们可以摆脱对物理世界固有认知的束缚，而且数字世界中的知识与规则可以反过来指导物理世界，大大提升了人类对物理世界的认知能力（见图10-4）。

随着以算法、算力和数据为基础的人工智能的发展和广泛应用，各类人工智能机器可以按照各自算法映射到数字世界中的事物进行认知，认知结论也会影响人类的决策与行动，例如自动驾驶、智能代理等。物理世界与机器世界将出现大规模的交互数据，这些数据也将构成庞大的数据生态，企业数据管理手段也将全面智能化。沿着数据入口、智能算法、智化场景、共生生态这样四个步骤，一个行业或一家企业的智慧化

图 10-4　数字世界与物理世界

变革过程，同样会是升维逻辑。

首先需要强调的是，技术从来不会泯灭用户需求，技术只会更加深度地激发用户需求，但是技术会无情地扫荡落后的商业模式。正如不看报纸了用户的新闻消费量却更高了，不买CD了用户的音频消费量却增加了，不看电视了但用户消费的电视剧却增多了。每一次技术跃迁都更加深度地激发了用户需求，我们真正淘汰的是落后于技术的商业模式。思考人工智能对于经济的意义，必须牢记这一点，技术从来都不是用户需求的对立面，而是需求放大器。我们唯一需要思考的是，如何基于全新的技术，打造出适合的商业模式，进而以更优的方式创造出价值。用户不买CD了，但音乐产业比CD时代更加兴旺了。我们对音乐的需求始终存在，只不过在不同的阶段，需要用不同的商业模式来加以满足而已。用现在的眼光来看，继续沿用CD时代的商业逻辑，是对需求的束缚。换言之，CD逻辑根本不能满足当下的用户需求。

同样的思路，可以进一步延伸到对智能时代的思考。倘若小米的智能音箱继续普及，那么你就有可能在家里一边炒菜，一边用语音吩咐小爱同学帮你买一瓶酱油。这个时候，作为一瓶酱油来说，它如何被购买就跟过去完全不同了。过去我们买一瓶酱油的前提是，我会用眼睛看到这瓶酱油，不管是图片还是视频或者实物，总之我们会亲眼看到。这个时候，良好的外观设计、耐心的促销人员、基于融媒体的产品广告等，就是有效的营销方式。而吩咐小爱同学买酱油，则是在你没有看到的情况下做出的决定。

更进一步，为什么过去一定要“看到”？因为过去我们人是唯一的决策主体，为了做出理性的决策，我们的大脑就需要输入信息，眼睛是心灵的窗户，是输入大脑信息的最重要的窗口，所以一件商品的购买决定通常都是在眼睛传递信息的中介之下做出的。现在我们有了一个随时候命的“外脑”，它掌握的产品信息可能远比我们的大脑更丰富，但不依赖于眼睛的输入，所以我们的购买指令通过嘴巴传递给了小爱同学，小爱同学随之做出决策，而眼睛和大脑被排除在了决策过程之外。由此，即便是酱油厂这样的传统企业，也逃不脱人工智能技术的影响。不懂得小爱同学背后的智能算法，酱油企业连上台竞争的机会都没有，这是一个相当严酷的现实。

更加严酷的现实是，人工智能入口的黏性将远超互联网入口。所谓入口，就是进出通道。互联网公司都会抢占流量入口，比如百度的搜索入口、阿里的电商入口、腾讯的社交入口等，拿到入口就意味着构建起了竞争壁垒，同时也锁定了用户，让这些公司变成了巨头。当然，入口锁定也会带来副作用，那就是抑制行业创新活力。由于技术公司的网络外部性效应，一旦成功启动就会自我强化，所以大多的创新企业在后来不是输在技术和创新能力上，而是马太效应使然。人工智能入口的黏性，将比互联网时代高出不止一个量级。一则人工智能属于“数据富集型”的技术，能够更加快速地开启网络外部性效应；二来人工智能技术会为用户提供定制化服务，快速造成路径依赖，相当于你一旦走了这条路，就很难更换路线了。这两个方面，导致人工智能入口在黏性和时间尺度上，都要高过互联网入口。只不过，人工智能入口会很分散，反而不容易形成互联网时代那样的超级平台，但会有数不清的“蜂窝入口”。

未来，每个蜂窝入口就是一个场景，每个场景都要匹配专有的智能算法，每个智能算法都依赖于特定的数据矿藏。未来不管是法人单位还是独立的自然人，都会是数据蜜蜂，不停地“沾花惹草”，弄得一身花粉，再把这些花粉放进一个一个的蜂巢，反复吐纳，酿成香甜的蜂蜜。智化就是，放蜂采蜜，共生的生态！

第十一章

产业智能化实践

第一节　智能经济OTT

智能如何在产业实践中进行赋能呢？为了解决这一问题，我们来讨论这样一个概念：过顶传球。过顶传球（Over the Top），简称OTT，是互联网业态重塑传统模式的最重要的套路，一直屡试不爽。过顶传球可以快速摆脱防守，往往直接传到篮下，甚至空中接力，形成扣篮绝杀。在球场上，OTT强调的是速度、效率。在商业中，OTT带来的是渠道的扁平化，越过中间环节，直接面向用户，实现利润的最大化。因此，OTT模式得到了产业链中众多公司的关注与追随。在传统领域，一些企业越过苏宁、国美门店渠道发展直销方式，电子商务网站通过互联网压缩门店与渠道的开支，都属于OTT模式。随着互联网的快速普及，宽带接入网络以及3G、WiFi带来的网络泛在化，基于网络而提供的各类服务都出现了OTT的趋势。Skype、米聊、微信，使语音、短信服务越过了电信运营商而直接面向用户，与SNS（社会化网络服务）相结合之后，使得这些服务更具黏性和精准性；苹果依靠其iPod、iPhone、iPad、iTV等终端的普及，将音乐、视频及各类应用直达用户。再宽泛一些来看，新浪、网易等门户网站，越过平媒的载体形式呈现平媒的内容；谷歌、百度通过收录各类网站，成就自己的搜索引擎；谷歌的AdSense广告系统，在别人的网站上提供自己的关联广告服务等，都属于OTT的一种模式。原本商户信息是用大黄页来整理并销售的，结果被雅虎这样的门户网站给过顶传球了，通过报纸承载的新闻，以书刊展现的深度报道，以电视传输的视频内容，以广播播报的音频，以超市和商场来实现的购物，以营业厅来办理的金融和电信业务，甚至以纸币来进行的结算……所有这些都被互联网给过顶传球了。

成功的过顶传球需要做到，以更低的代价创造更高的价值。例如，微信对于短信的OTT就很典型。2013年初，一位网友在知乎上提出了一个问题：微信真的能渐渐取代传统短信吗？还只是仅仅抢占一部分市场而已？这位网友贴出的一组数据显示，2013年春节，68.1%的人通过短信发送拜年信息，再往下依次是微信的11.1%，飞信的4.1%。到2015年，有位网友在这则话题下给出了自己的回答：两年过去了，现在看来，除了验证码和通知等，我的手机里面短信已经基本被微信取代了。微信能够提供比短信多得多的价值，却免费。这就给了用户一个无法拒绝的转移理由，无论从哪个角度看，使用短信都不如微信。时至今日，微信已发展成为我们日常生活中必不可少的沟通工具，若按功能来判断，微信甚至已经突破了“沟通工具”的范畴，成为一款囊括众多功能的应用软件，包括信息、语音、视频通话、支付、购物、视频浏览等。微信崛起的同时，意味着我们对传统电话和短信的依赖度在不断降低。甚至对许多人来说，短信成了专门接收验证码的工具。以前发短信和家人朋友沟通交流的场景一去不复返，取而代之的是微信消息、语音和视频。

微信之所以能够取代传统的短信和电话功能，归根到底是顺应了移动互联网发展的浪潮，以更高效更便捷的服务逐步赢得用户们的广泛认可。当然，微信的胜利离不开腾讯前期积累的产品经验和自身强大的平台实力，正是这些因素构成了腾讯所谓的“社交基因”，在取代传统短信和电话功能的同时，击败了许多同类型社交软件，从而构建起自己的社交护城河。由此可见，过顶传球是一种典型的升维打法，微信如此，互联网视频也是如此。过去，我们用电视追电视连续剧，但现在我们终于明白了，只有不用电视追电视连续剧的时候，电视连续剧才真的连续！这是莫大的反讽。除此之外，互联网内容还给了用户多种选择，使得用户享受电视连续剧的成本得以降低，两相结合，就对电视业态完成了过顶传球。

电子商务领域的升维要相对难一些，但过顶传球的模式也很清晰。线下购物的总成本，除货币代价外，还要付出交通成本以及大量的体力和精力，逛个街能让你精疲力尽。但线上购物大幅度降低了货币之外的成本，体现出了成本优势。除此之外，线上可供挑选的商品种类是无限的，并且非常容易通过搜索找到，这就在价值上升维了。成本降维与价值升维一道，推动着消费者迈过了购后等待的时间门槛，过顶传球了传统零售业。

其实，互联网的过顶传球打法，深刻地体现了技术对商业模式的重构，这也是一项技术之所以具备经济意义的底层原因。由此，人工智能技术想要向经济领域渗透的话，大概其也是摆脱不了这个轨迹的。除非能够证明人工智能技术确实可以以更低的成本创造更高的价值，否则智能经济就永远都只是镜中花水中月。

那么，具体来说，智能经济的过顶传球会怎么发生呢？目前来看，比较清晰的路径有两条：一是工业上机器换人，二是服务业无人值守。

前者以大量的机器人或机器手来替代过去需要人手来从事的工作，这里面的好处是，人工智能可以突破大多数的“人工不能”，带来前所未有的新价值。至于是否比雇佣人的成本更低，则取决于人力成本和机器成本的两相比较。在中国人口红利快速削弱的环境下，机器换人刻不容缓，无人车间将会是生产制造的标配。据统计，生产线上每增加一台机器人，就有六个工作岗位消失。服务业无人值守这条路径，诞生了方兴未艾的无人经济。无人超市、共享健身仓、共享卡拉OK厅及无人售货机、无人值守睡眠舱等已经随处可见。其实，无人理发店、无人电影院、无人餐厅、无人咖啡厅、无人酒店、无人游戏厅、无人营业厅、无人售货机，甚至无人驾驶汽车等，都是已经或者正在兴起的无人经济新业态。总而言之，服务业的无人值守，是智能技术对传统服务业的过顶传球。

两条路径下来，智能经济的大模样也就有了，这两条路径都是遵循价值创造逻辑的过顶传球。只不过，这一次的过顶是过了人的头顶。接下来，我们将具体谈谈智能经济在不同的产业是怎样过顶传球的。

第二节　农业智能化

农业是人类社会赖以生存的基础生活资料的来源，也是其他产业发展的前提和基础，对国家发展具有重要意义。我国自古以来都是农业大国，从原始社会的火耕开始，农业发展一直是整个社会最关注的问题。进入21世纪后，我国多次发布相关法律政策，加快推进农业科技创新，鼓励发展现代农业、智慧农业。在“新基建”战略的带动下，中国数字经济基础建设逐步完善，推动了智能与实体经济各产业的融合，农业智能化进程加快。在上文我们总结了产业智能化的升维路径，那么接下来我们将详细分析智能如何颠覆农业产业。

首先，要找到农业的数据入口，形成数据自喷井。农业的相关数据大多存在于现实空间，包括土地土壤数据、天气气候数据、农作物生长数据等，具有数据总量大、影响因素多、数据结构复杂等特点。因此，想要形成数据自喷井，就需要对这些现实数据进行采集并转化为能够分析的数据。目前农业数据采集主要有卫星、无人机和传感器等“天空地”三种模式：卫星遥感技术获取农作物数据、天气数据及病虫害等数据；无人机航拍实时监测农作物长势和病虫害状况等数据；传感器采集土壤温度湿度、二氧化碳浓度、光照强度等数据。通过上述技术的发展，我们获得了大量农业数据，不仅能够对农业生产进行实时监控，还形成了农业的数据自喷井，完成了农业智能化的第一步。目前，我国在卫星遥感技术上成果丰硕。2018年高分六号卫星在甘肃酒泉卫星发射中心成功发射，这是国内第一颗能有效辨别作物类型的高空间分辨率遥感卫星，将与在轨的高分一号卫星组网运行，大幅提高农业对地监测能力，加速推进“天空地”数字农业管理系统和数字农业农村建设，为乡村振兴战略实施提供精准的数据支撑。高分六号精、宽、高的功能特点，适应了农业监测时效性和准确性高、覆盖范围广的要求，在作物种植面积变化监测、农业资源本底调查中，实现了高分卫星数据全部替代国外同类数据，打破了农业遥感监测中分辨率和高分辨率数据长期依赖国外卫星的局面。通过卫星，科研人员可以观测到单一作物在全国的实际种植面积，结合各个品种的单产，就能算出大概的产量，同时，卫星还会长期观测作物长势，根据生长情况，不断调整估算数据。如小麦，在拔节以后就开始估算产量。但在此之前，长势监测早已开始，为作物管理提供依据。长势监测可以监测作物叶面积指数、叶绿素含量、氮含量、氮累积量等，通过这些参数，进行长势评价，可以帮助监测者计算施肥量，以及何时适合施肥、浇水等。此外，长势监测数据还可以作为预测作物品质的依据。农业生产过程中，除了监测农作物种植情况，农业农村遥感还可以监测耕地土壤墒情、大宗农作物病害等（见图11-1）。

图 11-1　科研人员正在对高分大蒜种植面积遥感监测结果进行数据分析

农业智能化的第二步是构建适合农业数据的智能算法。由于农业数据的复杂性，我们无法直接使用卫星、无人机和传感器所采集到的数据，因此需要构建智能算法平台对采集到的数据进行分析，挖掘出数据的价值。我国早在“863”计划阶段就提出要建设农业专家系统，为农业生产提供科学指导。农业专家系统来自专家经验，通过构建专家经验知识库、地方数据库和推理判断程序，能够充分利用人类专家的知识解决现实问题。随着人工智能技术和数据收集技术的进一步发展，企业承担起构建智能数据平台的责任，通过汇总专家经验和实时数据，借助强大算力，为农业生产者提供更加针对化、精细化的农业解决方案。例如，曙光公司搭建的智慧农业系统。在现实经营中，随着农村网络基础设施建设的加快和网民人数的快速增长，特别是移动互联网、云计算、大数据、物联网等新一代信息技术的快速发展，为发展农业农村大数据提供了良好的基础和实现条件。基于此，中科曙光公司的农业农村部搭建了大数据中心业务平台，用于支撑农业农村大数据收集、处理、分析、发布和服务。该平台可实现政务数据资源与涉农部门数据、社会数据、互联网数据等数据资源的融合共享，帮助政府部门摸清农业数据资源底数。这一平台不仅为海量数据提供了集中存储资源池，还能够充分满足云计算资源池对存储系统的容量要求，保障农业大数据平台运行的流畅与稳定。农业数据平台的成功部署，大幅提升了农业生产智能化、经营网络化、管理高效化、服务便捷化的能力和水平，有效促进了农业农村数字经济，农业高质量发展，降低了生产成本，实现以大数据驱动引领农业农村现代化发展和乡村振兴。

农业智能化的第三步是搭建智化场景。在完成前两步之后，我们能够获得大量的监测数据和算法结果数据。接下来，我们将依靠这些数据进一步智化农业生产的全过程，包括无人机植保、农机自动驾驶、智能化温室和精细化养殖等。举例来说，农机自动驾驶首先通过卫星、传感器和摄像头等采集系统，实时控制农机进行自动作业路径规划，然后感知系统进行自动化决策，大幅度提高作业效率及作业质量。这种数据驱动的人工智能替代了传统的人力，将整个农业生产的流程进行了智能化改造。搭建智化场景有利于对农业生产的全流程进行精细化管理，并且能够合理协调农业生产过程中的资源配置。在这一阶段，阿里、百度等互联网企业主动下场进行实验，其中阿里云的养猪实验取得了较好效果。实际上，阿里云并不自身运作养殖场，而是通过与畜牧企业和机构合作的形式进行“AI养猪实验”，希望从养殖端为行业提供解决方案，用技术驱动生产效率的提升。通过和四川特驱集团合作，阿里云结合人工智能、云计算、视频技术和语音技术，进行了“世界首创AI养猪”的实验。这套被称为“ET大脑”的技术已经在交通、工业、医疗等领域落地，应用到养猪上，ET大脑将基于机器视觉技术的视频分析，为每头猪建立档案，其中包括猪的品种、日龄、进食状况、运动强度等数据。这些数据可对猪的进食特征、行为特征等方面进行分析，并将其贯穿到整个养殖过程中。举例来说，在养猪的过程中，刚出生的小猪通常会面临被母猪压住导致死亡的问题。AI养猪可通过图像识别、叫声识别、温度感知等技术，分辨每天有多少小猪出生，判断顺产还是助产，以及哪只小猪被压等状况。这种方式能够大幅度降低幼猪死亡率和成本，并且提升资产盘点准确性和时效性。

最后，农业智能化会逐步形成农业共生生态。通过农业数据平台，农业将连接上下游产业，对各种资源进行产业链智能化协调。到这一阶段，农业的整个生产过程会高度智能化，人的力量投入可以大幅度减少转而由数字来进行生产活动，并且还会带动生产端和销售端的其他产业的智能化改造。

当我们真的进展到这一阶段，农业的整个生产和销售过程就被彻底颠覆了，传统农民就会变成智能化农民。这时候，新的智能化职业岗位就诞生了。

第三节 工业智能化

随着信息技术与制造业的进一步深度融合，新时代的“工业革命”深刻影响着现代工业的发展。在工业信息化和数字化建设的基础上，伴随着大数据、人工智能、工业互联网等新兴技术的飞速发展，2018年，人工智能技术开始向工业场景发展，我国工业进入由数字化向智能化发展的重要阶段，数字化与智能化呈螺旋上升态势，开启了工业互联网智能化建设的时期。工业智能化实现了从数据到信息、知识、决策的转化，能够挖掘数据潜藏的意义，为企业提质增效、释放生产潜能、实现企业收益最大化提供有效支撑（见图11-2）。

工业智能化体现在感知控制、数字模型、决策优化三个基本层面，基于海量工业数据全面感知，通过端到端的数据深度集成与建模分析，实现核心环节智能优化与决策，由自下而上的信息流和自上而下的决策流共同构成了应用优化闭环。

工业智能化的“感知控制”层面从技术角度可以进一步拆分成“感

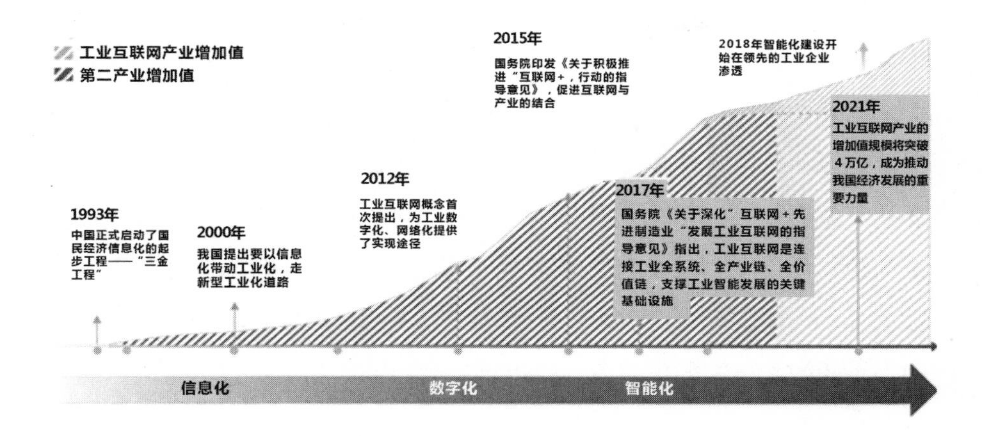

图 11-2　我国工业发展历程

知”和“控制”两方面，为了能够控制感知到的数据，还需要加入传输环节，形成感知—传输—控制流程。传统的感知技术主要是通过各种传感器实现的，对工业的各个环节进行监测以获取数据，数据通过局域网络传输至应用端进行处理分析，对生产环节的优劣进行判断，最终做出决策，进而将控制动作施加于生产流程中。随着“工业4.0”时代的到来，工业传感器也进入智能时代。智能传感器是指具有信息采集、信息处理、信息交换、信息存储等功能的多元件集成电路，是集传感器、通信芯片、微处理器、驱动程序、软件算法等于一体的系统级产品，能够在极大程度上提升从感知到做出控制动作的速度，为工业生产全流程赋能。例如，某大型生产企业在生产过程中需要使用大型设备，因设备异常经常不得不停工半天。引入智能感知控制系统后，可以实时对设备生产数据进行监控，并编制模型进行模型训练和分析处理，从而能够做到提前8小时预警设备异常信息，使由于设备异常停工造成的损失降低了80%。

此外，近些年多源感知、复杂电磁环境下的数据传输与通信、智能感知算法等信息技术与工业全流程深度结合，有效解决了复杂工业环境下数据可靠性和有效性低、数据采集和传输的实时性和准确性差等问题，使得工业感知大数据能够实现生产数据连续性、全生命周期数据强关联的实际生产需求，让智能感知算法逐渐应用于工业全行业中。工业智能感知的应用不仅可以提高生产效率和决策速度，也可以进一步实现“人—机—物”的全面互联，从而释放人力在生产环节的占用。我国医药制造规模位居全球第一，产品种类繁多，但传统制药流程中有大量依赖人工的复杂操作，导致药物加工精度不高，配药一致性较低。新一代人工智能技术与制药过程的结合，使制药环节向智能化、无菌化方向转变，推动了制药行业产业升级。智能化感知除了帮助工厂实现了更加精准高效的控制动作，还积累了海量工业全场景数据，进一步为工业智能化的数字模型层面提供了基础。

工业智能化在基于海量工业全场景数据的基础上，结合不断发展的大数据技术，生成了工业场景下的数据化模型。工业互联网发展的核心是工业PaaS（Platform as a Service，平台即服务，是将服务器平台作为一种服务提供的商业模式），而工业PaaS的核心则是数字化模型。这些数字模型可以将人力资源、工业生产流程、工业数据等有机结合，将工业制造全流程的技术原理、行业知识、基础工艺、模型工具等规则化、模块化、软件化，并封装为可重复使用的组件。工业生产的数字化模型是一种机理模型，根据其结构特点亦可称为白箱模型，这是一种基于工业生产全流程建立的精确数学模型，其优点是参数具有非常明确的物理意义，模型参数易于调整，所得到的数字化模型具有很强的适应性，能够较好地指导工业生产；缺点在于这种精确的模型往往需要大量的参数，否则会影响模型效果，因此也对工业数据感知、获取和传输技术提出了较高的要求。成熟的工业数字模型可以实时描述物理世界发生的情况，诊断故障原因，预测发展趋势，并针对当前及预测情况做出决策，驱动物理世界执行，即状态感知，实时分析，科学决策，精准执行。

数字孪生（Digital Twins）技术在当前的工业智能化中起到了重要作用。通过构建物理对象的数字孪生模型，我们可以实现物理对象和数字孪生模型的双向映射，目前广泛应用于产品研发设计、生产制造等环节，并逐渐向智慧园区、智慧城市等特大体量级的项目转化。当前要在工业领域构建企业级的数字孪生体面临着许多问题和挑战，如数据来源复杂、数据口径不一、非结构性数据多、业务模型复杂、计算量巨大等。但在推动工业企业数字化转型方面，数字孪生技术也做出了一些卓有成效的探索。以钢铁行业为例，其作为大型复杂流程工业，全流程工序内部生产数据获取困难，绝大部分为过程不透明的“黑盒”。而基于事件网络技术构建的企业级数字孪生体，使钢铁企业的采购、生产、销售等全流程都得以透明化，通过对企业数字孪生体的模拟仿真，使用人工智能模型获得优化策略，并把相关指令反馈到各生产经营部门去落地执行，形成了企业整体智能化优化的闭环。

智能决策是组织或个人综合利用多种智能技术和工具，基于既定目标，对相关数据进行建模、分析并得到决策的过程。通过将实际问题抽象为数学表达，建立数学模型，并利用机器学习、运筹优化等技术完成模型求解，可以实现更透明、更优化、更敏捷的决策流程。工业数字模型的建立为工业智能化决策优化的实现奠定了基础。以智能决策为核心的决策优化是工业智能化的“大脑”，聚焦于数据挖掘分析与价值转化，是工业数字化应用的核心功能，能够最大化发挥工业数据的价值，是工业互联网价值实现的关键。在决策机制上，智能决策可以为企业带来新的运营方式，降低对人的依赖，从而显著提高企业的收益增长速度，提升企业成长空间，预期通过智能决策可以在供应链及制造管理方面释放1.2万亿~2万亿美元的价值（数据来源：麦肯锡2018年*Notes from the AI Frontier:Insights from Hundreds of Use Cases*）。智能决策在众多大数据场景下都有广泛应用，根据一项面向16个细分行业的222家企业CIO的调查显示，“辅助管理层决策”已成为企业最关注的大数据应用场景（见图11-3)，利用数据分析技术提高企业决策能力成为企业数字化管理者的根本需求。

智能决策在工业领域的典型应用场景可以分为面向设备、面向生产、面向运营（市场/销售/生产/供应链)、面向产业链四大方面，其中汽车、电子制造业的智能决策渗透程度较高。一汽大众汽车有限公司的混合生产线情况复杂，排产难度极大，人工排产耗时低效，无法定量分析考虑能耗成本。通过智能决策系统生成的单车成本最低的生产计划，可以在有效降低成本的同时提升产能，提升物料筹措过程中的准确率，减少浪费。目前可节约的生产成本为1000万元/年/厂，单位时间工作量

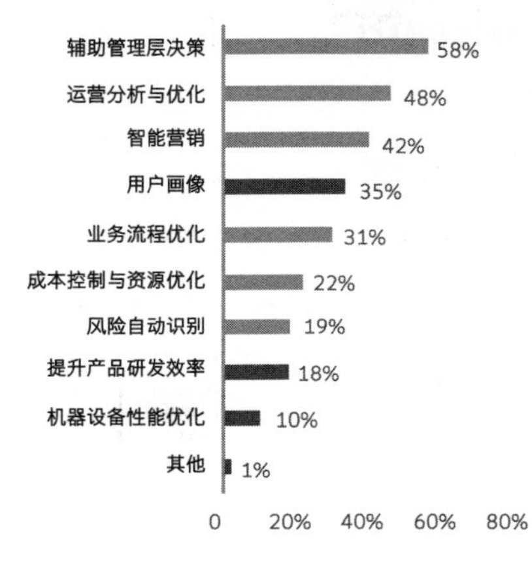

图 11-3　智能决策应用场景

提升了1%，可转化为1万台汽车的等值产能。

工业智能的目标是实现工业的自动化、信息化、智能化，但由于受到技术等因素的限制，现阶段的工业制造流程仍然过于依赖人的经验、知识判断与决策，因此工业智能化发展的下一阶段目标是实现产品全生命周期制造活动中知识工作自动化和人机互动与协同智能化，进而实现产品全生命周期制造流程全优化。

第四节　服务业智能化

服务业是电子信息时代的产业总称，一般指从事服务产品的生产部门和企业的集合。服务业是当前我国国民经济结构中最大的产业，随着我国经济的发展，服务业其重要性愈发显著，不但能够提供大量劳动力岗位保障就业，而且能够加速经济内循环拉动消费，大力推进服务业发展对于提高人民生活水平和经济发展水平具有重要意义。我国产业结构调整迎来了由工业主导向服务业主导转变的关键时期，着力推动现代服务业发展是当前我国经济社会的重大任务。习近平总书记指出，“要推动互联网、大数据、人工智能和实体经济深度融合，加快制造业、农业、服务业数字化、网络化、智能化”。要加快推动大数据、人工智能等新一代信息技术与现代服务业深度融合，广泛培育智能化现代服务业，为服务业转型升级和经济高质量发展提供新动能、新模式、新路径。

现代服务业是以现代科学技术，特别是信息网络技术为主要支撑，建立在新的商业模式、服务方式和管理方法基础上的服务产业。

其智能化演进可分为三个阶段：

1）技术赋能阶段；

2）技术与产业融合阶段；

3）产业升级和生态体系完善阶段。

通过三个阶段的发展，智能逐步代替了人的能力，并以数据为基础重构了服务业的产业链和服务模式。

服务业智能化的第一个阶段是技术赋能阶段，以提升企业数字化水平为基础，突出服务内容和场景数字化，提升企业的服务质量和竞争力。在这一阶段，企业的目标是找到数据入口并搭建智能算法，实现业务流程的更新或再造，以更加贴合客户的需求。大企业主动对自身的业务进行梳理和分类，并将服务的各个环节进行数字化，通过智能化平台进行数字化管控，例如春秋航空的全面数字化改革。全面数字化就是把生产要素和运行控制全程数字化，如数字化安全管控、签派放行、航班监控系统、航班综合保障平台、大数据平台、旅客订票、旅客服务等智能服务平台的应用。通过把传统的信息流变成数据流，春秋航空以分布式为技术手段，大幅度提升了安全运行效率。大部分小型商户难以像春秋航空这样的大型企业自行搭建智能数据平台，但借助美团等企业提供的智能化平台，小型商户也能够实现技术赋能升级。例如，许多餐厅通过美团“快驴进货”App，只需在操作界面提交次日餐厅后厨配送需求清单，即可在十几分钟内解决采购需求。供应链数字化后，通过客户端、App等即可在线上对选货、订单、售后、财务发票进行查询及管理，订货时长大大缩短。目前，线上下单、按需进货的方式，渐渐融入许多餐厅的日常。据悉，2021年北京市商务局联合互联网平台开展餐饮业数字化升级行动，覆盖全市近6万家商户，其中近6000家商户单周交易额较行动开始前增长近25%。技术赋能之后，服务业企业的效率得到了大幅度的提升，更重要的是，这些数据和平台将成为企业再次升维的基础。

服务业智能化的第二个阶段是技术与产业融合阶段，以先进技术产业化为主导，突出信息技术和服务产业间的融合，同时进行更精细的专业化分工和业务流程重组。企业的主要目标是搭建智化场景，通过与新一代信息技术深度融合，提高创新增值和服务增值。技术与产业的融合包括两个大方向：对现有产业链条进行解构和重构，在物流行业、信息服务行业和金融行业等效果显著；对服务方式、模式、体系进行改造，在网上银行、在线服务、电子商务、移动支付等场景构建新的服务模式。从物流业转变的视角来看产业链的重构，传统物流体系以密集的低端劳动力为主，商品从入库存储到打包出库的流程基本都是通过人工实现；智能化物流体系则具有智能化、自动化和信息化的特点，机器大脑基于仓库环境进行智能路径规划；机器视觉通过高精度视觉传感器提取复杂仓库场景特点以实现精确定位；数字孪生系统可以获取物流中心的全部生产及监测数据，在3D场景中展示作业整体流程，帮助管理者及时了解作业过程和资源调度情况。通过多项信息技术的应用，实现了智能自动化人机价值的重构。在金融领域，为了实现对服务模式的颠覆，商汤科技提出使用金融数字人重构线上金融服务。通过集成数字人模块，使用符合企业形象的虚拟人作为线上的智能金融助手，可以针对理财知识、操作流程等内容进行全方面讲解，为用户提供全时段、个性化的智能服务。此外，商汤科技还搭建了线上场景“银行元宇宙营业厅”，用户能够以一个虚拟化身的形式，像游戏一样进入到虚拟银行空间，以非接触的线上模式产生面对面服务感受，使银行成为金融社交社群的产品和环境。上述两个融合案例表明，现代服务业与信息技术的深度融合能够改变传统服务业的商业模式，进一步发挥生产率效应，帮助提升服务质量和效率。此外，信息技术本身也会衍生众多新兴产业，诸如网络服务、移动通信、人工智能等原生智能化服务行业也为传统服务业注入了发展活力。但不管是传统服务业智化改造还是原生智能化服务业，在这一阶段我们的关注点还是在产业内部，需要进行进一步升维。

服务业智能化的第三个阶段是产业升级和生态体系完善阶段，依托数字化和智能化与服务业的融合形成现代服务产业体系。这一阶段的目标是建设共生生态，积极拓展新兴服务领域，形成密切协作、可持续发展的产业模式。在海南三亚召开的企业数字化生态峰会（2019）上，用友科技正式发布了以“融合”为核心的用友企业云服务新生态战略，希望把众多的企业服务融合在一起，通过搭建战略联盟，进行“集成与被集成”，实现服务一体化的平台化运营。搭建战略联盟指的是用友科技通过联合中国电信、中软国际、中科软、广联达、富士康工业互联网、亚信科技等二十余家行业解决方案领导厂商，以及中国软件行业协会、中国软件网等第三方机构，聚集各行业、领域的龙头企业，成立“企业数字化服务领导厂商联盟”，共同为行业客户提供可信任的、一站式的企业数字化服务。此外，通过与更多行业ISV（独立软件开发商）进行集成，用友提供制造业、零售业、服务业、教育业、金融业等行业融合解决方案，助力行业客户数字化升级。基于开放的iuap平台，用友为产业生态伙伴提供更多的支撑，让他们可以开发出不同行业与领域的解决方案，并嵌入云市场实现线上线下的销售，让每一个伙伴都能在生态体系中找到适合自己的成长空间，并与产业数字化共同成长。一旦共生生态搭建成功，生态内的不同产业间能够彼此赋能，形成欣欣向荣的服务业生态。

目前，我国智能化现代服务业总体规模还比较小，产业结构还不完善，产品形态还不丰富，在国际上的整体竞争力不高。下一步应针对消费者个性化服务需求发展柔性服务，促进企业间分工协同，深化服务业供给侧结构性改革，实现服务全流程绿色化。

第 四 部 分

未来篇

第十二章

寻找智能经济的归途

第一节 跨越智能经济的鸿沟

“内生增长理论”认为，经济能够不依赖外力推动实现持续增长，内生的技术进步是保证经济持续增长的决定因素。根据这一理论，只有市场经济内生出来的科技进步，才能让国家持续进步。吴军老师也在前不久出版的新书《全球科技通史》中指出，科技是唯一可叠加式进步的动力。

在当前的宏观形势之下，如何引导科技这一进步动力更好地作用于经济的可持续发展显得尤为重要。对于中国的企业，未来至少十年，都会聚焦于强化技术研发并使之转化为生产力，也就是说，寻找属于我们的“内生科技”。

通常而言，有四股力量是科技产业发展的推动力：其一是科研工作者，其二是技术创业者，其三是理解技术的金融与资本方，其四是既有传统业态的领军者。虽然这四类人群全都关注技术的发展，角度却非常不同。科研工作者大多从兴趣、师承出发，其研究工作的一个重要基础是获得并且能够持续获得研究经费。技术创业者通常预见到了技术的潜在价值，并希望能够亲自推动技术价值在社会系统中实现。金融和资本方无论多么热爱技术，他们的最终判断逻辑都离不开冷冰冰的投入产出比计算。在他们的眼里，技术投资只是又一种投资生意而已，并且他们通常都很急躁，在套现的压力下常常做出伤害技术潜力发挥的举动。最后一类人群对于技术的理解往往是被迫的，作为传统业态的旗手，他们已经取得了成功，但过去的成功满足不了他们对未来的追求，所以技术对于他们来讲，是下一次商业冒险的理由，也是实现转型的契机。

面对同样的技术，四股力量是从不同的方向发力的，他们相互之间存在着深深的鸿沟，想要实现重大技术进步，必须整合好这四股力量。然而，技术又是非常难以捉摸的东西，在物化为具体的产品之前，我们很难描述技术到底能够给我们带来什么样的改变，这就让技术的渗透充满了不确定性。通常来说，技术引入的早期，看不出太多的优势，就像早期的MP3音乐，在音质上与传统的CD不可同日而语，因此，新技术的未来往往是迷茫的和充满怀疑的。

除了技术性能的不确定性，市场对技术的采用也是一段艰难的旅程。起初，技术需要找到创新采用者，之后要迅速培养意见领袖，使之成为早期采用者，再之后，技术将面临巨大的考验——如何进入大众市场。绝大部分的技术创新产品都死在了从早期用户向大众市场跃迁的过程中，这在创新理论里被称作“技术鸿沟”（Chasm）。不能越过鸿沟的产品，将坠入万劫不复的深渊。即便成功越过了鸿沟，技术很快便会迎来下一个技术波段的竞争，被更加先进的技术替代。

技术S曲线用于描述技术创新的扩散过程。在扩散的早期，采用者很少，进展速度也很慢；当采用者人数扩大到居民数的10%~25%时，进展突然加快，曲线迅速上升并保持这一趋势，即所谓的“起飞期”；在接近饱和点时，进展又会减缓。整个过程类似于一条S型的曲线，“技术鸿沟”就出现在由早期向起飞期转化的阶段。

当下方兴未艾的智能技术，正处在全力以赴翻越鸿沟的阶段——早期用户已经验证了智能技术的诸多潜力，但大部分的智能技术仍被挡在大众市场的门外。在技术创新扩散的过程中，早期采用者是愿意率先接受和使用创新事物并甘愿为之冒风险的那部分人。这些人不仅对创新初期的种种不足有着较强的忍耐力，还能够对身为各群体的意见领袖展开“游说”，使之接受并采用创新产品。之后，创新产品又通过意见领袖们迅速向外扩散，直至进入起飞期。

为了尽快翻越“技术鸿沟”，智能企业必须有效整合各方力量，迅速找到“十倍速效应”发挥的区域，通过点状加速换取翻越鸿沟的时间，以尽快进入大众市场。

第一，将相关的科研工作者以灵活的方式纳入智能企业技术智囊库，深化基础研究的力度但又不至于远离产业实践，这也是很多初创型智能企业成立之初就建立研究院等虚拟组织的原因。此外，很多头部企业也成立了研究院，如阿里巴巴达摩院、京东探索研究院、华为2012实验室、百度研究院等，相关研究领域包括机器智能、人工智能、数据计算、机器学习等企业发展的尖端领域。这些企业在科学研究方面投入了大量的资金支持，所取得的研究成果不仅为企业的发展提供支持，还推动了相关领域的技术进步。

第二，技术创业者需要将注意力聚焦于“十倍速效应”，无论最终明确的十倍速区域如何狭窄，越早建立十倍速模型越有利，这是证明技术力量最直接的办法。十倍速是指在短时间内，单一要素发生十倍速以上变化，就能为企业带来现象级增长。它是一个相对概念，是对单一元素大于均值十倍以上优势的诠释。十倍速变化背后的逻辑是自然规律的演化，它是把核心资源全部投入在单一领域，从而实现由量变转化为质变的突破。

第三，金融和资本方需要放弃“相马思维”，转而采用“赛马机制”，让同赛道的技术在相互竞争的过程中驱动技术潜力的释放。中国互联网企业很早就开始使用“赛马机制”，以字节跳动为例，早期业务导向的今日头条时期，只要一个子频道表现足够好，马上就会被拆分为独立App，比如懂车帝、悟空问答。后来则是同一赛道上的错位竞争，比如视频赛道上聚焦短视频的抖音、聚焦中长视频的火山小视频和聚焦长视频的西瓜视频。通过这一机制，字节跳动快速积累了大量用户，成为短视频、中长视频和长视频市场的领先者。

第四，传统业态的领军者，需要在业务场景与新技术的衔接处发力，引导新技术为传统产业由浅入深进行“着色”。新旧业态未必是迭代式发展，而是可以根据产业需要实现新业态与旧业态的并行。

虽然跨越鸿沟的过程非常艰苦，但一旦越过了鸿沟，智能企业就会迎来长长的雪坡，业务也会像滚雪球一样越滚越大，这是对技术最大的福报，也是判断技术与产品交互逻辑的基本准则。

第二节　活产品

传统企业往往忽视人才的作用，把员工看成人手。这是因为传统企业对员工的要求较为简单和固定，只要能够满足企业对某种技能的需求，就能够作为企业的人手填补相应岗位。然而，随着智能技术的发展，许多简单的功能能够通过智能技术来实现，这时企业就不需要那么多的人手了。当智能技术将人手排挤出以组织为形式的价值创造过程之外的时候，人手必须转变为人才，才能找到新的价值释放途径，但这种价值逻辑很可能不再以公司的形式实现。

假如一个组织的运营流程和辅助管理职能全都由智能技术来驱动的时候，那么这家组织将会处于“自动驾驶”状态，我们姑且称为“自动组织”。现在有一种组织形态叫“自组织”，这是一种与传统组织结构不同的新的内部结构单元，能够独立面对内外部客户，具备自我决策和独立核算能力并据此进行价值创造。自动组织不同于“自组织”，这是一种有着明确价值创造目标甚至是营收指标的组织形态。自动组织的目的，是以最低的成本最高的效率创造出最高的价值。从根本上来讲，任何一个组织都是一种价值转化机制，是把原本分散在不同空间或者不同时间的资源，通过一定的方式集合起来并以产出产品的形式转化出更高价值的过程。推动这一进程的原动力一是需求，二是创新。

一方面，正是因为存在相应的市场需求，才会吸引不同的公司组织起人财物，生产出能够满足客户需求的产品或服务，进而实现自身存在的价值。另一方面，很多怀揣梦想的企业家，因其天才般的创新能力和卓越的眼光，率先做出市场上看似没有需求的产品，但创造出了全新的需求。当年在iPhone的新品发布会上，身着牛仔裤的乔布斯从窄小的裤兜里掏出一部iPhone手机，提出了他的经典理论：“消费者并不知道自己需要什么，直到我们拿出自己的产品，他们才发现，这是我要的东西。”

前者是通过满足需求来实现价值，后者则是通过创造需求来实现价值。但是，无论是满足原有需求，还是创造新的需求，都离不开对市场需求的深刻理解。在过去，企业理解市场需求的方式比较单一，大部分是通过市场调研、一线人员访谈等方式来进行的。这些理解方式存在一个致命的缺点，那就是滞后性。实际上，企业获得的所有关于市场的理解都是发生在过去的，当企业收到这些信息时，市场已经发生了新的变化。因此，企业做出的所有改进、应对都难以真正满足用户的需求。

准确识别用户需求的其中一种方式是给予用户“用脚投票”的权利，提升用户在整个业务流程中的主导权与主动性。比如美国芝加哥的一家在线T恤厂商Threadless，它通过全球客户社区解决了时尚领域的两个重要挑战：第一，在适当的时候吸引天才设计师，不断创造流行热潮；第二，能预测销售，以更好地衔接生产周期和消费周期。客户社区承担了创新、新产品开发、销售预测和市场营销等核心功能。该公司网站每星期都会收到上百份业余或专业艺术家的设计图，并把这些设计图放在网站上让用户打分。每星期有4~6件得分最高的T恤设计会被投入制造，然而能不能量产还要看公司是否收到足够多的预订单——只有预订单达到一定数量的T恤才会正式被排入生产线。这样一来，企业等于稳赚不赔。Threadless T恤每星期会颁给得分最高的设计者奖牌和2000美元奖金。但物质奖励并不重要，对设计者而言，最大的激励就是他的心血有机会被社会大众穿在身上——Threadless T恤会把设计者的名字印在每件T恤的商标上。这是个三赢的局面：设计者的创意得到发挥，消费者有更多选择，企业省下了雇用设计师的费用，而且它只生产获得足够分数和预订单的产品，几乎不可能亏损。严格来说，这不是什么了不起的改革，但这种做法确实有效降低了企业的成本与风险。

然而，智变时代，对需求的理解将会有完全不同的诠释，因为从理解客户需求到验证产品的路径将变得非常短，以至于达到无缝衔接的程度。在智能技术的支持下，企业对需求的理解是高频迭代优化的，由此产品的设计生产和销售也会是这种逻辑。数据几乎可以让我们洞察一切，允许我们看到过去不可能看见更不用说看清的东西，这种功能会大幅度降低需求理解的随机性，转而采用一种瞬时确定性的高频迭代思路，来让产品与需求共舞。

在这样的逻辑之下，产品活起来了。产品的长期确定性将不再是优势，反而是最大的劣势。我们再也不能指望一次性设计、大批量生产、长期销售这样的模式可以成功。智变时代的产品是一种多元协同的价值创造逻辑，是在设计时生产和销售，生产时销售和设计，销售时设计和生产。实际上，现在已经有企业通过这种方式获得了巨大成功，例如加拿大运动服饰品牌Lululemon。与传统运动服饰生产商不同，Lululemon并不认为销售是业务的终点。为了能够更加贴近用户，Lululemon招募了大量的品牌大使并组织丰富的线下活动，收集大量用户在线上、线下的反馈。此外，Lululemon收购了居家健身设备制造商Mirror，进一步收集用户体验等数据。基于上述数据，Lululemon能够快速获取用户的需求，并且不断迭代自己的产品，也因此迎来了飞速发展期。总而言之，从设计到生产再到销售的线状推进过程不再是给定空间下的确定性时间序贯，而是三条时间上并行路线的随机空间耦合，一次耦合满足一次单独的需求。

活产品是不确定时代的产物。在不确定的时代，没有唯一不变的事情，就连变都会变。应对这样的时代，我们需要拜师大自然，活是应对变的不二法门。只有活起来，才能最大限度地应对变，“僵尸”是没法变化的。基于此，未来的活产品是一种三明治结构，包含物理层、数据层和生物层。物理层是产品实体本身，生物层是产品触达的最终用户，数据层则包括了产品本身的数据和用户数据，在一定程度上成了产品和用户沟通的桥梁。这三个层次之间互相联系，相辅相成，任何一个层次的变化都会在其他两个层次中引发连锁反应。智变时代数据的收集、处理、分析速度加快，产品端和客户端的反应随之加快，甚至随时随地都在进行变化。到了这个程度，产品就真正“活”过来了。

第三节 软定价

上一节我们讨论了活产品，而一项产品如果想要售卖给消费者，那么其能否被消费者接受的一个重要因素就是产品价格。以往的产品大多遵守既定的定价方法，但假若智能技术真的可以把产品都改造成为活性产品的话，那么产品的传统定价方式将面临极大的挑战。

遍观营销学教科书里的定价方式，虽然林林总总，但基本上没有脱离成本加成法的范畴，也就是说在产品成本的基础上附加厂商期望的利润，进而得出最终的价格。当然，渠道和零售终端也会将产品打包或者打散来重新定价，或者根据库存和促销的需要，对价格进行临时调整。但长期来看，定价从来没有脱离过成本这一基础。

有学者和实践家曾倡导过所谓的“成本革命”（Cost Revolution），意指首先确定一件产品的市场接受价格，再根据这一价格来调整成本，只有那些能够将成本控制在可接受价格之下的厂商，才能在竞争中胜出。成本革命多发生在一些竞争非常激烈的行业中，在相同的经营条件下，生产产品的费用越低，能够获得的利润就越多，因此在这些行业中成本革命往往是被倒逼着发生的。然而对于绝大多数行业而言，成本革命直到现在为止都仅仅是一个定价理念而已，在真实的实践活动中，我们既没有办法很好地确定用户可以接受的价格，也无法在短期内实现成本的急剧压缩。总之，定价在很多时候都是经过了严谨的理性思考，最终却以非常不理性的方式来呈现结果。

更进一步而言，定价之难在于信息不对称（Asymmetric Information）。这种信息不对称，既体现在成本结构对最终用户的信息不对称，也体现在厂商对市场可接受程度的信息不对称。具体来说，由于存在众多分销和零售环节，厂商很难直接接触到最终用户，这就导致用户不知道一件商品的出厂价是多少，厂商也不知道用户究竟能不能接受这个商品。为了消除这种不对称，用户最常用的办法就是进行比价，既然我弄不清楚你的产品到底值多少钱，那我就看看同类产品谁的价格更低。随着电商平台的普及，比价变得越来越简单，我们在电商平台上的购物活动，三分之一以上的时间都是在比价，而不是评估商品价值。

马克思主义政治经济学的观点认为，价值就是凝结在商品中无差别的人类劳动，即商品价值。在理想情况下，价格应该有效地反应价值。但在实践操作中，这一点往往很难实现，不论商品的价值是多少，厂商总是想尽可能提高产品价格，以取得更高的利润；而大多数消费者即便认同商品的价值，也经常试图以更低的价格购买产品。因此，买卖双方在商品定价上始终存在着诸多分歧。

在市场可接受的价格方面，我们长期以来的误区是厂家相信价格弹性没有摩擦力。所谓价格弹性，是指价格每变动1%所能带来的百分之几的销量变动，数值越高，表明价格弹性越大。但是一个关键的问题是价格对销量的影响是有摩擦力的，也就是说价格变化了不能立马引起销量的变化，需要一段时间周期来发挥作用，而这个时间周期的长短取决于价格信息传递的快慢。在信息技术并不发达的过去，价格弹性的摩擦力巨大，使得价格弹性在微观层面几乎失去意义，沦为经济学中理想环境下的理论探讨。然而，随着智能技术的发展和普及，价格信息的传递模式被重塑，进而有望对企业的定价策略进行重构。

首先，比价不再是用户需要操心的事情，而是智能算法的自然结果，用户在智能时代看到的价格将是经智能算法自动比价之后的最优价格，这意味着产品价格对产品价值的指引作用将大幅度减弱。具体来说，人们在过去相信一分钱一分货，认为自己花的钱变多了就能够买到好的产品。然而，随着智能技术帮助用户在全网进行比价，人们越来越感受到贵的不一定更好，高价产品的平价替代品有时候更能够满足用户对价值的期望。因此，对于用户来说，现在产品的价格和价值之间的联系并不那么紧密。

其次，价格只反映了厂商成本，相对比较稳定，但价值具有丰富的场景依赖性，同样的产品对同一用户来说，在不同场景下的价值差异是巨大的，这意味着价格距离价值十分遥远，价格与价值的匹配只是个偶然事件，而不是稳固的互依关系。在传统场景下的企业只能根据自己的成本进行定价，面向同样的用户进行销售，价格的高低变化主要依赖于销售人员的经验。然而，随着智能技术的普及，企业目前有能力识别出那些认为商品价值更高的用户，并以更高的价格向他们进行销售，这就是俗称的“大数据杀熟”。尽管“大数据杀熟”是一个反面案例，但是这也证明了现实生活中价值和价格的不稳定关系。

再次，过去用户对价格的感知存在着不敏感区域，导致价格只要在不敏感区域之内，无论这个价格是高还是低，都不会影响用户的购买决策。传统场景下的用户只能在小范围内进行对比和选择，因此价格的高低对用户的影响没有现在这样明显。但在智能时代，用户的价格不敏感区域将会大幅度收窄，这意味着用户的价格敏感度将大大提高。正是多亏了智能技术，让用户能够在大量的同质化选项中进行更容易、更大范围甚至更长时间周期的比价。

最后，价格敏感度提高的结果是不以货币为媒介的价值会拥有更大的空间，进行更多的价值交换。现在很多产品或服务都是免费的，但有些时候，免费的才是最贵的。比如说，网易的免费邮箱产品，用户看似能够免费享受邮箱服务，但与此同时将邮件标题、内容、往来邮箱等数据和信息交给了网易，网易则可以利用这些数据进行广告的精准投放等。因此，这事实上是邮箱产品价值和用户数据价值的交换。

在这样的情况下，智能企业必须重新思考定价的基本逻辑。显然，以成本为基础的稳定的硬定价模式已经无法应对市场的改变，取而代之的将会是以价值为基础的软定价。软定价，在很多时候都不需要真的定价，它只是一种提供价值公允的方式，基于这种方式，交易双方可以进行更大范围和更大规模的价值交换，但未必会以货币为媒介了。打个比方，我想用一篇文章来换得一些牛肉，那么怎么为文章和牛肉之间快速建立公允的价值交换方式呢？什么情况下我换来的牛肉更多？什么时候换来的更少？这些问题的最终答案，可能跟文章的价格与牛肉的价格没有任何关系，但跟我和你对价值的感知有关，而感知价值的高低又取决于迅速变化的时空场景，如果不依赖于智能技术的参与，我们根本没法及时构建并应对这些千变万化的场景，更遑论公允的价值交换机制。

第四节　斜杠力

在过去，一个人的身份基本上是由所谓的工作单位来确定的，人们见面打招呼都会互相问“你是哪个单位的？”而传统的工业流水线不但建立了生产的基本逻辑，还清晰地进行了人员的身份认定，一套制服就能划定权利范围或工作范畴。就如上个世纪初期的福特汽车工厂，在老板眼里是没有人脸概念的，他们似乎都是面盲症患者，分不清楚员工的脸庞，只会通过衣服区分工种：如果穿着白色衣服，那么你是中层管理者；如果穿着蓝色衣服，就一定是一线工人—这也是白领和蓝领的由来，根据着装颜色就划分出了工种和阶级。

固定站位的流水线工人支撑起了工业化时代的生产效率。及至信息化时代，工作内容和性质发生了很大的变化，自动化设备替代了大量的人手，多数时候工人不再需要一天八小时在流水线旁边值班了，越来越多的人只需要待在有空调的办公室里就能开展工作。这个时候，工人手中不再是握着扭螺丝的扳手，而是换上了鼠标。工作环境由生产车间变为写字楼，手上的工作由拧螺丝变为敲键盘，工作台换成了写字台，原先眼睛盯着流水线，现在盯着电脑屏。老板不再患有面盲症了，但老板对每个员工的认识归根结底来自于信息系统的权限。

虽然有了这些变化，但工作的性质丝毫没有什么改变。只不过是冷冰冰机械构成的流水线变身为字节跳动着的信息系统而已。看起来我们不再被流水线奴役，却被信息系统奴役了，成了“数字奴隶”。更加要命的是，貌似现代办公方式给了我们更多的自由，但实际上信息系统带来的是更多的紧箍，深夜回复工作信息成了员工的常态。其实质是，我们用时间上的不自由换来了空间上的自由，无论身处何地，只要有一台电脑，任何地方都是办公场所。这哪里是什么自由？这是更加隐蔽的束缚！

进入移动互联网时代，永续链接成为基本的生活现实，无处不在的链接给了我们进行多主体协同的机会，资源在信息流动的情景下被网络大幅度释放。每个资源体都成了一种自由体，可以无限向度地与其他自由体相互链接。这个时候，固化的板结身份被灵活的数字标签替代，固定的岗位职责被多元化的技能才华替代，静态的生产资料被无处不在的数据资源替代，僵硬的生产设备被聪明的智能平台替代。基于此，人的多面性开始释放，过去被锁定到单一工种的人终于有了使自己的多元技能实现价值变现机会的途径，“斜杠”现象应运而生。

"斜杠"是一个新概念，来源于英文"Slash"，其概念出自《纽约时报》专栏作家麦瑞克·阿尔伯撰写的书籍《双重职业》。所谓斜杠，就是指拥有多重职业和身份的多元生活的人群。就像滴滴平台上的司机，很多人白天是个蛋糕店的面点师，晚上就是滴滴代驾司机，领域跨度很大却毫无违和感，这是一种全新的"斜杠力"。"斜杠青年"的出现并非偶然，而是社会发展的必然现象，也是进步的体现。这种进步体现在人变得越来越灵活，能够自由地选择自已擅长的、想做的工作。

斜杠青年通常可以分为两类：第一类以固定主业作为生存发展的基础，根据个人能力或兴趣爱好发展副业；第二类则完全通过兴趣或自身能力尝试多种工作领域。例如，2022年北京冬奥会花样滑冰双人滑冠军得主隋文静就是第一类斜杠青年的典型代表。在她的专业领域中，她与搭档韩聪屡夺金牌，成为世界花样滑冰历史上第一个双人滑全满贯的组合，是当之无愧的冰场女王。在冰场之外，她也在不断尝试和探索新的领域。隋文静始终对传统文化抱有很高的热情，多次身穿汉服拍摄宣传照，还受邀跨界做了汉服比赛的评委。冬奥会结束后，她到多地进行演讲，分享训练、比赛的心得。此外，她还在尝试写书，首部自传《不止文静》已经出版面世。对于花样滑冰的编舞，隋文静也非常感兴趣，不仅去参加综艺节目《蒙面舞王》积攒舞蹈经验，还在学习相关课程，她计划退役后成为一名花滑编舞师。再如，95后杭州姑娘王琦是舞蹈老师、公司合伙人、青春主播，是一位凭借自身兴趣和技能发展出多种职业的第二类斜杠青年。她8岁开始跳舞，现在在一家舞蹈培训机构教授中国舞课程。而这位动作轻盈舞姿优美的舞蹈教师一直有着创业的梦想，因此她入股了这家机构，现在是公司的管理层，经常要主持会议讨论下一阶段的工作计划。工作之余，王琦爱上直播，喜欢城市文化，担任着鄞州团区委的兼职“青春主播”，用直播镜头探秘街头巷尾，带粉丝“云”游鄞州，了解本地历史、美食与文化。尽管身兼数职，但做自己喜欢的事她并不觉得辛苦，“斜杠生活”的每一天都很精彩。

随着互联网的进一步发展，“斜杠青年”变得越来越常见。《2021青年就业与职业规划报告》显示：27.6%的青年拥有2份及以上的工作，“斜杠青年”占比超过25%。也就是说，对于企业来说，员工当下虽然坐在企业给他的办公室里，却并不妨碍他们时刻指挥或运营着自己的小事业。企业若认真地在企业内部调研一下，就会惊讶地发现企业早已经被员工深深地给“斜杠”了—这种个人的斜杠力已经对组织产生了影响。

斜杠力对于组织来讲是把“双刃剑”，好的方面在于这是一个员工的综合能力的体现，不好的地方在于这种能力完全有可能偏离组织整体目标。对于现代的组织来讲，如何利用好这种斜杠力会直接决定组织的命运。更加重要的是，智能技术会为各种斜杠力全方位赋能，一家软件公司的工程师，完全可以用算法来远程管理某个智能体，比如智能选股软件，这会让这名工程师获得组织之外的重要职业体验，并且从数量上来看是没有限制的。

那么企业应该如何管理斜杠力呢？首先，企业应该打破传统的僵化岗位设置，让每个岗位都像是个“甜甜圈”，核心做实，但外延变大，甚至甜甜圈的核心也可以应需而变。其次，企业要主动为斜杠力赋能，营造组织内多元职业与身份的文化氛围，这需要构建水平协作网络，让每个员工都能多向度嵌入组织网络。再次，企业应实时引导斜杠力进阶成创客精神，发现并培养员工的优势斜杠力并使之进化为个人事业基础，从而孵化内部合伙人，未来的组织都会是创客联盟，员工都会是“员东”，即员工+股东。最后，企业应该放弃管理，转而采用协同治理的理念，即人人共治，价值共创，自负盈亏。

由此，工业化时代千人一面，信息化时一人一面，智能化时代一人千面。再见到一个人的时候，打招呼或许应该这样说：“这是你哪一面？”

第十三章
认识人机协同的算法社会

第一节　数字身份

“凡物莫不相异”，是17世纪德国哲学家莱布尼茨提出的著名论断，这一观点指明世界上没有完全相同的两个物体，更不存在一模一样的两个人，而能够标识人类个体独特性的就是身份。身份一般指人的出身和社会地位。在我国身份制作为意识形态是中国文化精神的主要部分和重要的道德行为规范准则，身份对中国人的作用是持续的，这种持续作用在中国人心理层面的深处也凝成一种情结。

一般来说，身份代表着人在社会上或法律上的地位、资格，是国家或社会对一个人的定义，从出生到死亡一直与人相伴。然而在实际的社会生活当中，身份涵盖的范围则十分广泛，涉及文化、社会、地域、心理、政治、信仰等多个维度，既可以指代现实世界中的个体或者社会意义的公民，也可以化身为数字世界的账号。不同的身份代表着不同的权利和义务，是个人进行社会交往和写作的基础，身份对个体而言是一种标识，对群体而言则是一种共识。

首先，身份是刻画主体的信息集。对于任何一个具体的主体来说，有关这个主体的属性信息越多，展现的内容越充分，这个主体的身份感就越强烈。例如，某个人的人口特征信息包括姓名、性别、出生年月日、出生地等，通过这些人口特征信息，我们可以了解一个人的基本身份信息（见图13-1），如果再加上教育经历、工作经历、职务头衔等信息，那么这个人的身份就变得越来越清晰。因此，刻画一个主体的身份并不是仅仅来自单一的信息片段，而是标识这个主体属性的所有信息，并且身份会随着标识信息的增加而变得越来越丰富。

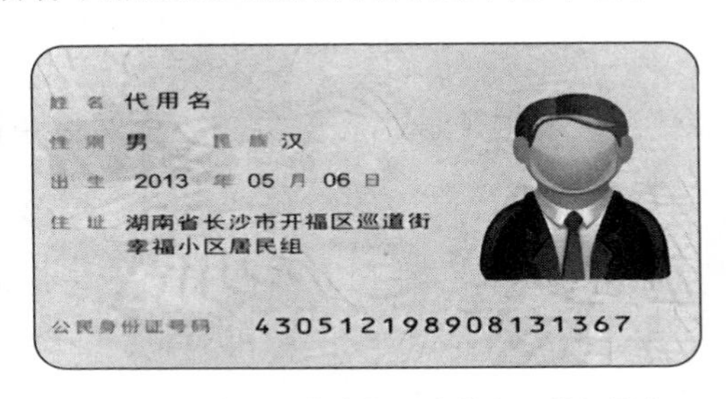

图 13-1　我国二代身份证上的人口特征信息

其次，万物皆有身份。我们通常所说的身份，主要是指自然人和法人（企业、机构、组织等），但是除此之外，几乎所有事物都可以进行身份标识。我们完全可以给一条鱼构建身份标签，以便将这条鱼和那条鱼区分开来。例如，基于RFID（射频识别技术，即电子标签）技术应用的管理方案能够采用RFID标签为动物建立唯一ID的身份识别码，录入该物种的身份信息(如种类、出生日期、饲养模式及饲料配比等信息)。通过RFID移动巡检手持终端设备对该物种进行每日的数据信息(如个体、采食情况、防疫信息、运输信息、屠宰信息)采集并上传至数据库进行分析，形成完整的溯源系统。基于此，采用RFID技术对动物的养殖、运送、屠宰进行盯梢监控，在传染病溯源时，能够及时对动物进行追溯。卫生部门经过该系统可以对可能传染疾病的动物进行追溯，以决定其归属联系及前史踪迹。系统能对动物从出世到屠宰供给即时、具体、可靠的数据。同样的，我们也可以给一份数据创建身份，所包含的特征属性可以包括数据格式、容量大小、存储方式、内容简介、所有权归属等，以便将这份数据与其他数据进行区分。

再次，身份具有多维性。通常，一个主体在不同的场景下会展现出不同的身份，比如一个人在公司是研发工程师，在家庭中是父亲、儿子和丈夫，在理发店则是消费者等。总而言之，身份是个棱镜，不同的场景下展示的身份信息是不同的，很难在一个场景下将一个主体所有的身份信息全部展示出来。这也意味着在谈到身份的时候必须要指明场景属性。

从次，身份的本质是关系。一个孤立个人的身份是没有意义的，身份的价值只有在跟他人交互的时候才能显现出来。在主体和主体发生关系的时候，身份信息是帮助一方建立对对方清晰认知的可靠依据。比如，当你向银行展示身份信息的时候，银行就可以根据你的身份信息对你的信用程度进行判断，从而做出是否为你办理贷款的决定。此外，公司之间的交易，也需要根据公司的信用和资产等法人身份信息来帮助做出业务往来的决策。所以，身份与主体的信用直接相关，是主体之间进行关系构建和基于关系的交互的保证。身份信息的可信度，直接决定了主体间关系能否正常开展。

最后，身份信息需要做到“可验而不可得”。身份信息是属于特定主体的，且在主体进行交互的过程中充当信用中介的作用，所以其使用必须得到主体的授权同意。与特定主体交互的其他各方，在需要的时候都可以验证这个主体的身份，但不能拿走或剥夺主体的身份。目前在身份验证领域引入的隐私计算任务就是要做到实现验证身份目的的同时又不会泄露身份信息。

随着互联网的普及，数字身份开始广泛应用起来。在网络空间中，身份信息往往是分散在各个平台或者产品里面的，比如支付宝存储着用户的交易信息，百度拥有着用户的搜索信息，腾讯存储着大量的社交信息，而字节跳动系则搜集了用户消费新闻和数字内容的信息等。这些分散的身份信息虽然来自于同一个用户的活动，却以碎片化的形式存在于各个互联网账号中，很难整合成完整统一的身份。更为重要的是，数字世界的主体并非现实世界同一主体的简单映射，而是随着行为数据的越来越丰富，数字主体将自成一体，形成一个全新的主体。从这个意义上来讲，数字自我不是现实自我的复制，而是现实自我在数字世界的延续和演绎，是主体在数字世界的重生。

通常，数字身份使用标识符这一概念。可以简单理解为标识符是在某一系统内对主体进行识别的一段数据，等同于现实生活中的身份证号、社保号等国家颁发给公民的身份标识符，或者公司给员工的工号、学校给学生分配的学号，其作用是将主体在某个系统中进行区别确认。当然，标识符在一个系统内是不能重复的，就像学校里有很多学生重名，但是他们的学号一定是唯一的。数字身份是打开数字世界里信任大门的钥匙，如果丧失了对数字身份的主导权，就如同把钥匙交给了陌生人保管。但你可能想不到的是，长期以来用户都没有真正将数字身份这把钥匙拿在自己手里。

以现阶段的互联网发展水平而言，无论是单一机构还是联盟化的身份认证和管理，都不能将所有身份数据统一到用户的单一账户之下，更不能做到让用户自己掌握所有的身份数据。近年来，一方面由于数据化应用越来越深入，另一方面由于很多隐私数据泄露事件，数字身份这一概念越来越得到人们的重视，迫切需要全新的数字身份解决方案。新的数字身份需要做到一方面能将用户数据收敛到用户的单一身份之下，另一方面需要做到充分的隐私保护。去中心化身份正是解决这一问题的切实方案，在去中心化的身份体系中，无论是个人用户还是组织机构都能够完全享有自己的身份和数据的所有权、管理权和控制权。用户可以按照自己的意愿去使用自己的身份信息，按照自己的意愿采取部分共享和全部共享以自己的方式去存储数据，比如存在用户手机内或公司的私有云内，或者是亚马逊的公有云上，甚至是去中心化存储上。

构建数字身份比较稳妥的办法是基于区块链、隐私计算等技术，获得加密的、可控的、真正属于自己的数字身份。例如目前较为火热的基于区块链的数字身份管理器——浏览器插件钱包应用MetaMask（见图13-2）。MetaMask是一款区块链数字钱包应用，因为图标是一只小狐狸，所以也被称作"小狐狸钱包"。在庞大的以太坊ETH，埃塞俄比亚全国运动联合会生态里，几乎任何一个应用都会支持MetaMask钱包的链接，其市场占有率超过了50%，是最普遍的区块链身份体系。MetaMask适用于Chrome、Brave、Edge和Firefox的ETH钱包和网络版本，它将浏览器连接到ETH平台，并允许用户在所有兼容的浏览器上保存Ethereum和ERC-20令牌的密钥。此外，MetaMask与两个交易平台——Coinbase和ShapeShift携手合作，它允许用户直接从两个平台购买以太坊以及ERC-20代币。MetaMask易于在PC端和许多小工具上安装和配置，通过创建一个钱包的简单方式，然后可以使用12字的助记词跨设备导入。用户在建立MetaMask后可以在区块链之间创建多个钱包地址，它为人们提供了更多的隐私和访问任何特定付款的钱包，用户可以使用他们的钱包在各种区块链上保存代币和不可替代代币（NFT）。

图 13-2　MetaMask 图标

在智能经济时代，我们每个人、每个生物乃至每个物体都会拥有其专属的数字身份，据此我们能够更好地在数字空间中进行社交和互动，而我们在独特数字身份下所进行的一切操作和行为都将产生数字足迹，进而会影响我们的数字声誉。

第二节　数字声誉

在互联网上发布的内容，无论看上去多么私密，都会留下永久性的“数字足迹”。数字足迹也被称为数字影子或电子足迹，是指用户在使用互联网时留下的数据痕迹。数字足迹涵盖了任何用户在互联网留下的数据记录，包括在社交媒体上发帖、订阅时事通信、在线写评论或在线购物等。数字足迹可用于跟踪一个人的在线活动和设备。通常来讲，互联网用户会通过主动和被动两种方式创建自己的数字足迹，主动数字足迹指的是用户有意共享有关他们自己的信息。例如在社交网站或在线论坛上发布帖子或参与互动。如果用户通过注册的用户名或个人资料登录网站，则他们发布的任何帖子都构成主动数字足迹的一部分。然而，当互联网在收集用户的信息而用户并没有意识到正在发生这种收集时，则会被动创建数字足迹。例如，网站会收集有关用户访问次数、他们来自哪里以及他们的 IP 地址的信息，这是一个隐匿的过程，用户可能没有意识到正在发生此过程。更为重要的是，当前社会中被动数字足迹的现象频发，各种软件、网站都会采集用户信息和数据，以便为用户提供更加个性化的产品和服务，例如，社交网站和广告商会通过用户的点赞、分享和评论的内容来分析用户的特征，并有针对性地为用户提供个性化内容。

数字足迹十分重要，因为它们是相对永久性的，一旦这些数据公开，甚至是半公开，就会像Facebook上的帖子一样，所有者几乎无法控制其他人如何使用这些数据。美国科学院院报（PNAS）最近的一篇研究表明，基于用户在社交网站上（例如Facebook）的点赞，可以计算出用户的性格特征，即计算分析出该用户的大五人格（The Big Five），甚至这种通过点赞记录来计算的结果要比该用户的朋友、同学和亲人的判断更加准确。研究者们的具体做法是，首先，邀请Facebook上8.6万名志愿者参与一项性格测试，得出一份被试的性格自测结果。其次，收集了用户的“点赞”数据，即他们对帖子或内容发生过点赞的行为，根据这些点赞数据通过算法进行数据分析，得出该用户的性格评价（见表13-1）。然后，研究者邀请被试者的亲朋好友参与测试，给出有关该被试者性格的评价，这样就有关于被试者的三份性格数据，一份是自我的评价，一份是亲朋好友的评价，一份是基于点赞数据计算的结果。最终研究结果表明，算法得到的性格倾向指数比亲朋好友的判断更为准确。

大部分用户在社交平台上的点赞记录是公开的，一般这种情况下用户希望向平台中的其他好友展示其对于特定内容的积极态度，如用户的生活状态、喜好的音乐、爱好的运动和产品等。但与此同时，恰巧是这些“点赞”行为暴露了用户很多的私密信息甚至是潜在的特质，如用户对哪些话题较为敏感，用户的性格如何，用户持有什么样的宗教信仰和政治观点，甚至是用户当前的心理状态以及行为倾向是怎样的等。而且研究者们指出，仅仅是点赞了某一篇博文的分享就能够产生较为精准的预测。研究者们给出的一些结论举例如下。研究者们指出，计算机只需分析10个“赞”，对某个研究对象性格判断准确度就要高于该研究对象的同事；分析70个“赞”，准确度就高于朋友或室友的判断；分析150个“赞”，准确度便高于父母或兄弟姐妹等家庭成员的判断；而300个“赞”，分析结果准确度居然高于其伴侣，可见用户的数字足迹的潜力有多大。

表 13-1　研究者根据点赞内容得出的性格分析

点赞的内容（是否点赞）	性格特质
科学、莫扎特、Thunderstorm、Curly Fries	你的智商水平较高
哈雷戴维森、Lady Antebellum、*I Love Being a Mom*	你的智商一般较低
游泳、上帝、傲慢与偏见、夺宝奇兵	你对生活具有满足感
Ipod、Lamb of God、Quote Portal	你对生活不满
So So Happy、*Dot Dot*、*Girl interrupted*、*The Addams Family*	你的情绪不稳定或者神经质
商务管理、跳伞、足球、山地车、跑酷	你情绪稳定或冷静或放松
Cup of joe、Coffee Party Movement、the Closer、Freedomworks	你的年纪比较大
Body of Milk、I hate My id Photo、Dude Wait for What	你的年纪比较小
X games、Foot Locker、Being Confused After Waking up From Naps、Sportsnation	你是个异性恋

更为重要的是。数字足迹可以确定一个人的数字声誉，现在人们认为这与他们的线下声誉一样重要。例如，在做出招聘决定之前，雇主可以检查潜在员工的数字足迹，尤其是他们的社交媒体。学院和大学也可以在接受潜在学生之前，检查他们的数字足迹。例如最近，至少10名大一新生由于在一个不公开的社交媒体讨论小组中发布有关校园枪击案、纳粹大屠杀、性侵、少数族裔及其他恶俗话题的笑话，他们的入学邀请被哈佛大学撤回。

然而，这还仅仅是被披露出来的冰山一角中的一角（a tip of the tip of the ice berg），我们不清楚除了以上那些学校，还有多少学校在暗中挖掘并加以分析申请学生的数据，也不知道除了以上那些数据，招生官们还在观察着什么。可以说在招生官眼中，报名的学生再也不是文书和申请表格上的那个精心粉饰的自己，学生的一举一动，甚至是任何一个小心思都化成了大数据展现在他们眼前。而更可怕的是，学生根本不知道他们在被招生官“观察”着。

具体以西东大学为例，根据该学校招生办副主任的介绍，每个学生会有一个总分为100分的分数来反映学生对于学校的兴趣如何。其中的80分包括学生花费了多长时间在官网上，学生有没有打开邮件，以及学生什么时候开始关注学校官网。一般情况下，在高一的时候就开始浏览学校官网的学生得分会比高三才开始浏览官网的学生分数高。实际上不只是西东大学，根据美国机构（National Association of College Admission Counseling）在2017年的调查，37%的学校将学生感兴趣的程度作为申请中次重要的因素，与推荐信、成绩排名、课外活动并列，仅仅排在标化成绩和课堂活跃程度之后。即使有些学校不将学生感兴趣程度作为评分标准，招生官也承认在决定那些可录取可不录取的学生命运的时候，学生对于学校感兴趣程度也是至关重要的。

维持清白的“数字声誉”非常重要，每个人躲在电脑屏幕背后输入、发布、分享、点赞的内容都会切切实实影响自己的生活。年轻人已经留下了数不胜数的数字痕迹，每天都在数字世界中遨游，电脑和手机无时无刻不在记录着个人行为。对于年轻人来讲，数字声誉已经处于最危险的状态：自己不理解或者不注意的行为会留下永久的数字痕迹，而这些记录能够成就一个人，也能够毁掉一个人。任何在网上发布的内容，无论你认为它多么私密，都是永久性被留存的，都会有迹可循。

另外，重视数字声誉不是说不能够坚持做自己，而是要时刻记得维护个人的数字声誉。在网上也用不着过度净化自己的言论，依然可以展示自己丰富多彩、幽默有趣的一面。但是如果不希望自己的言行被更多人转发、评论，那还是不将它发出来为好。我们每个人在网络上的声誉体系也将对自己的盈利能力有很大的影响。

为了继续加深对数字声誉的认识，我们需要对数字声誉的形成机制以及内涵进行深入了解。一般而言，数字声誉需要一个技术载体以及制度规范，在二者的作用下形成对客体的印象。社交媒体中的社会声誉是数字声誉的第一个方面，用户生成的内容可以被上传，然后同行可以进行评价。例如，在微博上用户可以上传包含文本的推文，其他用户可以点赞、转发和关注，以创建感知声誉价值的社会图谱（见

图13-3）。人们相信“如果可信的人X关注Y，那么Y在X眼中一定是有些可信的”，Y也会具有更高的社会声誉。

图 13-3　人民日报发布微博

数字声誉的另一个方面是贡献声誉。例如开源社区Github，开发人员可以在公开的存储库中编写代码（见图13-4）。一个拥有许多Github明星的存储库的主要贡献者，在开发者圈子里创造了一种地位和声誉。这种由贡献数字产品所积累的声誉，就是开发人员数字声誉的一个重要方面。

图 13-4　Github 明星开发者页面

与社会声誉不同，贡献声誉更加客观，取决于你所做的实际工作，而不是别人对你工作的看法。随着Web3.0技术的快速发展，在区块链生态系统中，能够对所有的贡献者进行记录。而贡献者的工作成果积累的贡献声誉，对经济活动的作用也将越来越大。每个人对任务的贡献会在链上和链下被跟踪，最终随着时间的推移，贡献更多任务成果的人也将具有更高的贡献声誉。

“数字足迹”可以成就一个年轻人，让他迅速成名；也可以毁掉一个年轻人，让他永远活在过去的阴影之中。消除数字世界里的不当言论需要全社会的力量，但我们至少可以教会当下的青少年珍惜自己的“数字声誉”，让他们年少轻狂的言行少些被公之于众，让他们的生活不会因为不成熟的行为遭到公开而脱轨。

第三节　人机协作

在传统行业领域，伴随着AI、5G、大数据等技术的深度应用，数字化人才瓶颈逐渐凸显。工厂对技能的要求已经发生了深刻变化，原本很多岗位都是手工作业、线下操作，而现在很多工厂通过设备联网，各种数据价值应用，如设备故障预警、故障预测、远程维护等，不断将新的数字化工具投入使用。每个人、每台机器都有无法做到的事情，这时就需要进行人机协作，就是将人和机器组成一个团队，集成人类智能和人工智能，促进人机自主交互，协作共赢。

第一、第二产业变得越来越智能化，工业机器人和无人机得到大量使用。尽管人工智能可以降本增效，但相关系统和设备的维护、操作也需要大批专业人员，进而催生出了无人机驾驶员、物联网安装调试员、工业机器人系统操作员等新型职业。一些重复性、标准化、效益低的工作被取代，但需要大量的人去设计、管理和操作机器，实现人与机器的高效协作，让工作更具创新性和高附加值，推动整个产业的智能化、数字化升级转型。

人机协作（Human-Machine Collaboration）的概念被越来越多的人所提及，具体来说，其内涵包括三点，分别是人和机器共同存在、人和机器合作共赢以及人和机器协作互动。重要的是，智能化企业借助人工智能等新一代信息技术促进企业内部信息化、智能化发展，加大科技投入，促进人机协作，能够带来多方面的优势和好处。一是人机协作能够提高企业自动化程度，工业机器人等智能设备的投入能够大大降低劳动者完成重复性、流程性工作任务的压力，使之前需要人力执行的生产步骤变得自动化。二是人机协作能够减轻员工的负担，在日常生产和工作中体力消耗大、危险和单调的工作步骤将由协作型灵敏机器人承担，大大降低对员工持续重负荷工作能力的要求，减轻员工的工作负担。三是人机协作能保证较高的生产质量，协作型和灵敏型工业机器人能够以高精度、高质量的水平完成重复和需要高度集中注意力的工作任务，避免由于人工疏忽而造成的生产损失，在一定程度上提高了生产质量。四是人机协作具有更高的灵活性，劳动者可以根据工作任务需求灵活调整协作机器人负责的工作，以此更高效率地完成既定工作任务。

在运作机制上，人机协作主要包括三类。第一是互补人机协同机制，从键盘、鼠标再到现在的电子触摸屏、语音控制界面，更加自然、交互性更强的关键技术展现了如何使人类与智能机器和自然中的各种协同作用和力量相辅相成，创造并呈现出一个真正的“人+机器”的自然共生人机交互体系。第二是混合人机协同机制，智能机器与各类智能终端已经成为人类的伴随者，未来社会的发展形态将会是人与智能机器的交互与混合。由于机器在搜索、计算、存储、优化等方面具有无可比拟的优势，这是对人类智能的一种有效增强。混合人机协同机制指的是将对智能的研究延伸到生物智能与机器智能的互连，整合各自的优势，创造出更强大的智能形态，实现人类的“机械飞升”。第三是多人多机协同方式，在多人多机协同工作的环境下，单个任务会被参与者拆分，在决定下一步动作时必须考虑协作者的动作，当其中一位参与者不能独立完成一种特定动作时其他参与者必须相互援助。多人多机环境具有高度的动态复杂性，产生系统冲突是必然的。系统冲突会严重影响多人多机环境下各个协作者的独立决策能力和系统的总体性能。因此，需要一定的协调方法和目标函数来调节优化协作者之间存在的冲突，保证协作者所构成的群体行为具有一致性。目前，人机协同应用到了公安、消防、餐饮、金融等多场景下，可以实现单人单机的应用，发展方向是利用多人多机的资源解决更加复杂的问题，从而实现机器的自主调度功能。

例如，KUKA机器人公司推出的灵敏协作机器人“LBR Med”就是一款应用于医疗行业、能够进行人机协作的灵敏协作型机器人（见图13-5），其功能可以满足医疗行业的高要求，其人机协作能力能够适应医疗技术领域中的多种辅助系统。从诊断到治疗，再到外科手术，LBR Med令人信服地成为卫生保健领域中完成各种任务的完美助手。该灵敏的七轴轻型机器人可以简单灵活地集成到医疗器械中，从而执行各种医疗活动。灵敏的传感器技术、全面的安全防范、卫生的表面，以及为直接与人协作而设计的控制系统，使其特别适用于医疗技术。此外，医疗器械制造商也能够更快更容易地开发基于机器人组件的产品并获批许可，因为LBR Med已通过国际认可的CB体系认证。

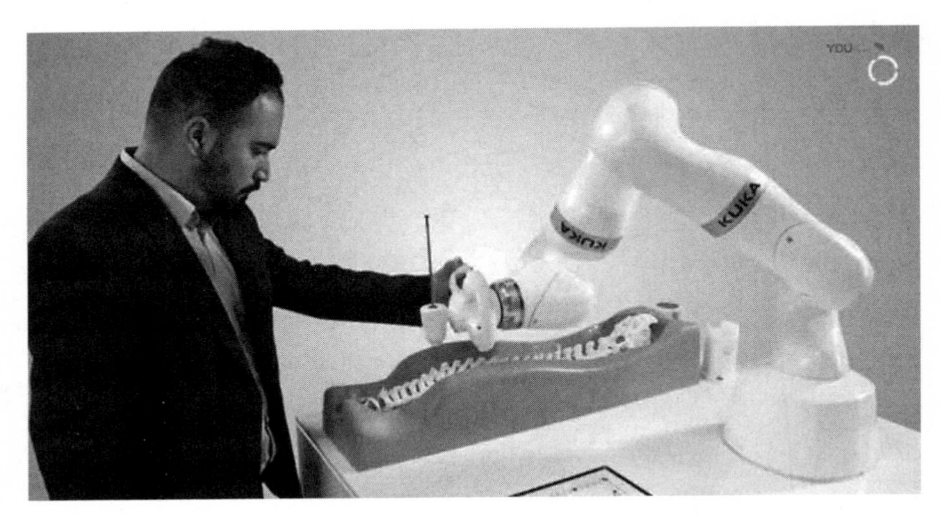

图 13-5　集成在医疗器械中的 LBR Med 机器人

LBR Med协作机器人具有以下四点明显优势。一是精确，LBR Med无须附加装置即可进行校准并实现高精度作业。由于集成了零点标定传感器，它可以完全自主校准，并可以达到 ±0.1 mm或 ±0.15 mm的出色重复精度。二是灵活，LBR Med设计为多能应用型组件，它可以无缝集成到各种解决方案中。它还具有大量配置的接口，作为多功能的机器人系统，在医疗技术的各种应用中表现得令人信服。三是安全，LBR Med为安全结构树立了新标准。它通过其软硬件对相关信号进行安全性分析。装备主要包括传感器信号、力矩传感系统、安全电路、初次故障安全性、安全接口及可配置的安全事件，简言之：这一切使其天生适合于医疗技术。四是灵敏，LBR Med可识别外部作用力，并能根据规定的可自行编程的系统做出反应；可以利用其触觉能力进行手动导向、触觉辅助的遥控操作或者重力补偿；可以将LBR Med用于在运动中产生规定的力，或者用作可灵活应对作用力的柔性机器人。此外，内置传感系统还可以用于可靠的碰撞识别，以便能够进行人机合作（HRC）。

基于此，LBR Med协作机器人能够很好地完成卫生保健领域中的辅助任务，如LBR Med助力iYU按摩机器人（见图13-6）为患者提供按摩服务，按摩机器人最注重的性能就是灵敏度和准确性，而LBR Med因其精确、灵活、安全和灵敏的特点，完美地契合了按摩机器人的需求，使得按摩机器人能够精确地施加压力，并且保证绝对的安全。

在未来，人机协作将会是各行业必不可少的生产及服务方式。但是需要注意的是，尽管人机协作的工作方式会取代许多重复性、固定性的工作，但是更为重要的是人类的工作会随着科技的发展而不断升级，变化，增加，人工智能等新一代信息技术对于就业岗位的创造效应会逐渐凸显出来，因此在某种意义上，未来我们面对的真正的挑战不是来自人工智能，而是如何与时俱进，强化自己的技能。

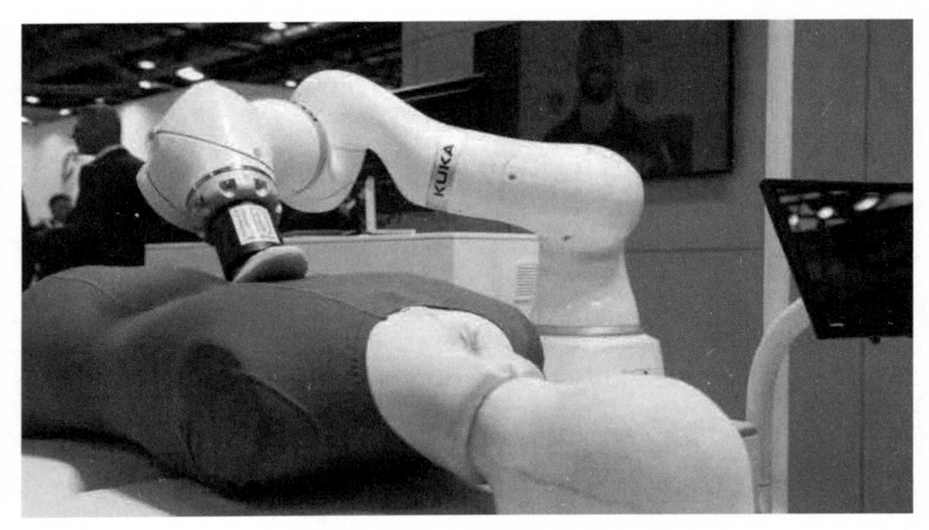

图 13-6　集成 LBR Med 的 iYU 按摩机器人

第四节　机器行为

机器行为学对智能机器展开研究，但是并不是从工程机器的角度去理解它们，而是将其视为一系列有自己行为模式及生态反应的个体。目前对机器行为的探讨大致可分为个体机器行为、群集机器行为以及人机交互行为三类。

对个体机器行为的研究主要集中在特定的智能机器上，这些研究通常侧重于个体机器固有的属性，并且由其源代码或设计驱动。研究个体机器行为有两种通用方法：第一个侧重于使用机器内（Within-machine Behaviour）方法分析任一特定机器的行为集，比较特定机器在不同条件下的行为。第二种是机器间方法（Between-machine Approach），比较各种机器在相同条件下的不同行为。

相比于对单个机器行为的研究，群集机器行为的研究侧重于机器集群的交互和系统范围的行为。关于集体动物行为和集体机器行为的绝大多数工作都集中在简单智能体之间的交互如何创建更高阶的结构和属性，尽管这也很重要，却忽略了这样一个事实：许多生物体，以及越来越多的 AI 智能体，都是具有可能无法简单地表征的行为或相互作用的复杂实体。

更为重要的是，当前人类越来越多地与机器互动，机器调节我们的社交互动，塑造我们所看到的在线信息，并与我们建立足以改变我们社会系统的关系。由于它们的复杂性，这些混合人机系统构成了机器行为中技术上最困难但同时也是最重要的研究领域之一。机器行为研究中最明显但至关重要的领域之一，是将智能机器引入社会系统的方式可以改变人类的信仰和行为。该领域还研究了人类如何将机器用作决策辅助工具，人类对使用算法的偏好和厌恶，以及人类机器产生或减少人类不适的程度。除此之外，智能机器可以改变人类行为，人类也可以创造、影响和塑造智能机器的行为。我们通过直接操作 AI 系统以及通过对这些系统进行主动训练和根据人类行为日常产生的数据的被动观察来塑造机器行为。但需要注意的是，尽管将研究分成人类塑造机器的方式会更方便，反之亦然，但大多数人工智能系统是在与人类共存的复杂混合系统中起作用的。对这些系统的研究具有重要意义的问题包括人机交互特征的行为，如合作、竞争和协调。

2009年，年仅33岁的李飞飞在斯坦福大学担任助理教授，突然有了一个疯狂的想法：通过对大量图片的人工标注教会计算机识别各种各样的物体，突破以前的研究只局限于几个类型的物体，会得到什么？此前计算机图片识别研究主要只有四类物体：汽车、飞机、豹子和人脸，因此机器学习（Machine Learning）的结果并不具备可推广性。简单地说，如果我们想让计算机认识一只猫，就要给它看几千张甚至几万张不同的有关猫的图像。但是，这世界上的物体，成千上万，难以穷尽。而李飞飞的计划是，把字典上所有的物体都识别出来！由于这需要上亿张清晰、准确的照片集合，图片类型也将以上千种起步，这个想法实在是太过疯狂。李飞飞将该想法多次申请NSF项目，都未获得同意，理由是——太过幼稚，也太过疯狂。

尽管没有资金的支持，李飞飞还是选择继续这个研究。经过理性分析，她发现图像标志的工作量太大，课题组就是不吃不喝不睡，一直干标注工作，也要几十年才能完成。于是她开始寻求帮助，最终找到了亚马逊公司（Amazon）。同年，在亚马逊公司的帮助下，李飞飞主导构建了一个改变人工智能历史的数据集——ImageNet。ImageNet项目生成了一个含有1500万张带有标签的照片数据库，涵盖了22000种物品。这些物品是根据日常英语单词进行分类组织的，可以用来训练复杂的机器学习模型，以识别图像中的物体。项目集下载了接近10亿张图片并利用众包技术进行图片标记，亚马逊（Amazon）、土耳其机器人（Mechanical Turk）等平台都参与了图片标记。来自世界上167个国家的接近5万个工作者，在一起对图片集进行筛选，排序，标记，得到了接近10亿张备选照片。

ImageNet项目在事后被认为是大数据和人工智能重要的里程碑事件，在这个巨大的图像数据库上，各大计算机视觉团队终于可以同台竞技。2012年，一种号称深度学习的卷积神经网络算法获得了计算机视觉分析大赛的冠军；2018年，提出深度学习的三位科学家获得了图灵奖。可以说，没有李飞飞构建的ImageNet数据集，就没有人工智能如雨后春笋般的发展。这些数据集使得人工智能在短短七年时间内，利用ImageNet数据集分类物体的最高准确率从71.8%提升至97.3%，远远超过了人类的识别水平。在李飞飞的坚持下，一个伟大的想法，一个伟大的项目，一个巨大的数据库，终于带动了人工智能的第三次复兴。

但是李飞飞并没有就此停步，她又开始上路，开启了寻找人工智能的“北极星”的艰难旅程。“北极星”指的是研究人员所专注于解决的关键科学问题，这个问题可以激发他们的研究热情并取得突破性的进展。

李飞飞通过回溯5.3亿年前的寒武纪生命大爆发为人工智能的发展找到了灵感。寒武纪时期，许多陆生动物物种首次诞生，被认为是由眼睛的出现所驱动的进化。李飞飞认为，动物的视觉不会孤零零地产生，而是深深地嵌在一个整体中，这个整体需要在快速变化的环境中移动，导航，生存，操纵和改变。如今，李飞飞的工作重点集中在AI智能体上，这种智能体不仅能接收来自数据集的静态图像，还能在三维虚拟世界的模拟环境中四处移动，并与周围环境交互。

这是一个被称为具身AI的领域，它与机器人技术有所重叠，因为机器人可以看作是现实世界中具身AI智能体和强化学习的物理等价物。李飞飞等人认为，具身AI可能会给我们带来一次重大的转变，从识别图像等机器学习的简单能力，转变到学习如何通过多个步骤执行复杂的人类任务，如制作煎蛋卷。也即，智能体具有自身独特的行为模式，这种行为可以改变周围的环境。

具身AI中“具身”的含义并不是身体本身，而是与环境交互以及在环境中做事的整体需求和功能。类比人类的智力，人类的智力不仅仅是我们大脑的功能，而是我们的大脑、身体和周围环境共同作用的结果。而当前的人工智能领域中的研究更注重在非具身认知部分，比如语音、视觉和辅助决策。具身智能是具身化和情景化的智能表现形式，智能个体需要与真实世界相交互，从而主动地获取物理上的真实反馈，通过感知反馈的变化而进化智能。具身智能的进化是通过创建软硬件结合的智能体，让其在真实的物理环境下执行各种各样的任务，来完成人工智能的进化过程，这种进化是纯软件环境中的进化所替代不了的。

在真实模拟中的智能体会有一个虚拟的身体，或者通过一个移动的相机机位，通过机器视觉来与环境进行交互，让智能体获得了一种全新的学习与改造世界的方式。虽然研究人员早就想为AI智能体创造真实的虚拟世界以供探索，但是这种真正创建的时间非常晚。得益于电影和视频游戏行业对图像的改进，AI智能体可以在数字空间中进行交互行为。智能体可以学习三维视图，这些视图会随着他们的移动而改变，当他们决定近距离观察时，模拟器会显示新的角度。当模拟的世界各项参数更加准确时，可以在数字空间中训练智能体完成全新的任务。这些AI智能体不仅可以识别物体，还能够与物体进行互动，例如，捡起地上的苹果放到桌子上。2020年，虚拟智能体拥有了视觉以外的能力，可以听到虚拟事物发出的声音，这为其了解物体及其在世界上的运行方式提供了一种新的视角。

到目前为止，具身AI智能体还远远没有掌握任何与对象相关的任务。部分挑战在于，当智能体与新对象交互时，它可能会出现很多错误，而且错误可能会堆积起来。在这方面，李飞飞再次走在了前沿，她的团队开发了一个模拟数据集——BEHAVIOR。李飞飞希望能像她的ImageNet项目为目标识别所做的那样，通过BEHAVIOR数据集为具身AI作出贡献。这个数据集包含100多项人类活动供智能体去完成，并且测试可以在任何虚拟环境中进行。通过创建指标，将执行这些任务的智能体与人类执行相同任务的真实视频进行比较，李飞飞团队的新数据集能够更好地评估虚拟AI智能体的进展。当下，李飞飞团队已经构建了“虚拟宇宙”中的生物个体“Unimal”。通过学习自主行为习惯，Unimal发展出“用进废退”的生物特征，从而证实了身体形态会影响虚拟生物在复杂环境中的适应和学习能力，复杂环境也会促进形态智能的进化。Unimal的无性进化限定为三种方式：删除肢体，调整肢体长度，增加肢体。通过穿越复杂地形的训练，Unimal进化出不同的形态，其中具备动物四肢特征的形态能够在环境中表现出更好的适应性。

机器人技术中最先进的算法，如强化学习等，通常需要数百万次迭代来学习有意义的东西。训练真实的机器人完成艰巨的任务通常需要数年的时间，而如果先在虚拟世界中训练它们，让智能体产生出智慧的行为，这种进化速度将会快得多，因为数千个智能体可以在数千个不同的房间中同时训练。OpenAI的研究人员证明：智能体在虚拟世界中学到的技能可以迁移到现实世界，虚拟世界中的行为可以映射到真实世界当中。无论身处虚拟还是现实世界，具身AI智能体都在学习如何更像人，完成的任务更像人类的任务。这个领域在各个方面都在进步，包括新的世界、新的任务和新的学习算法。李飞飞也通过实验证明了具身AI中的鲍德温效应，即没有任何基因信息基础的人类行为方式和习惯（不通过基因突变的有性繁殖进化），经过许多代人的传播，最终可以进化为具有基因信息基础的行为习惯的现象（进化的强化学习）。未来要做出一个通用型的人工智能，多模态的、具身的、主动交互式的人工智能体一定是必由之路。如果将人工智能视为一种人类高级智慧的表现形式，那就应该具备人类这种高级智能体的特性，例如生物体的进化、高层次的智能：推理、演绎、下棋等，也应该包括低层次的智能：行走、交谈、感知。人工智能产品的发展方向会从传统的2D平面智能，例如图像分类、目标检测、分割等任务转向3D或者4D空间，不断改变时序中的存在与时间。短视频可以带给用户基于时间的、空间的、环境的更多信息，比微博图文时期已经有了大幅的发展；AR/VR技术提供了基于空间、环境、时间的全方位感知与体验，能够给予用户更加沉浸的体验感；虚拟数字人或者智能助理可以提供视觉+语音的多模态主动式交互；对外，智能车可以适应环境适配复杂路况、交通情况进行智能驾驶；对内，可以为驾驶员和乘客提供可感知可交互的“第三空间”，满足更多场景的需求。这些都是人工智能在向更加智慧方向发展的例证。

无论是传统基于表征的深度学习，还是新提出的具身的、基于存在与时间的具身智能，都依然要有很长的路要走。但毫不夸张的是，这个世界的变化速度，已然超乎你的想象了。

第十四章

迈向数实共生的元宇宙

第一节　虚实映射——孪生

世间万物，成住坏空。一个人，一件产品，一家公司，一座城市，都有其生命周期，都遵循从出生到成长再到成熟和衰落的生命法则。当进行管理工作时，管理者需要知晓管理对象当下的状态，并且判断当下的管理问题，对未来管理情况作出预判。这样的管理需求，牵引出了“生命周期”的概念，在商业领域被称为“产品生命周期管理”。这个理念主张应该从产品需求、规划、设计、制造、经销、使用、维修、回收报废的全生命周期的时间线上收集和处理有关产品的信息，并对整个周期进行精细化管理，达到降本增效的目的。但是，“产品生命周期管理”理念只是一个理想状态，整个过程的信息收集是很困难的，没办法做到真正意义上的精细化管理，因此，“产品生命周期管理”提出后，在很长时间内都是一个理论上很好但实际上很难做到的事情。

直到数字化技术兴起后，人们才找到产品全生命周期管理的理想办法，这个办法就是“数字孪生”。顾名思义，数字孪生就是用数字化技术将一个物理实体或者系统“克隆”出一个数字化版本，进而基于这个版本对实体进行监测或者控制。因此，数字孪生具有互操作性、可扩展性、实时性、保真性等典型特点。数字孪生通常包括以下两个步骤：一是“以数拟实”，用数字模拟实体的运行状态；二是“以数控实”，用数字孪生体对实体进行控制操作。数字孪生体是对现实空间的精确复制，并且能做到实时同步，甚至孪生体能够对未来的情况进行预判，来反向控制实体的运行。燃气管理领域就引用这一技术来降低事故发生率。燃气泄漏易引发爆炸事故，会对人民的生命和财产安全造成严重的隐患。在传统的燃气管理系统中，燃气管道由人工进行巡检，隐患不易被察觉，但是通过数字孪生技术，北京燃气站建立了一个“所见即所得”的三维可视化监控系统，为燃气输送保驾护航。这个系统使得站点可以及时了解当前的燃气存量，燃气管道阀门的打开程度，燃气的流量与压力，管道是否存在漏气等状况。燃气管道网中存在许多人无法看见和检测不到的位置，在传统运维系统中，通常只有在阀门实际松动漏气时才能发现问题。而数字孪生技术可以帮助站点实现狭小空间的、地下空间的可视化检测，通过监测、采集燃气管道的燃气压力、流速等数据，推演阀门的松动时间，便可提前派遣人工进行干预，有效避免事故发生，对城市居住安全性的提高具有重大突破意义。

既然可以将现实世界中的实体和对象数字化孪生为数字孪生体，而且数字孪生体具备了独立存在的意义，那有没有可能将数字孪生体反向“孪生”为物理实体呢？简单来说，就是把数字体变成原子体，实现由虚到实呢？或者更进一步，原子体和数字体能否实现叙事相融共生呢？答案是肯定的，而能够实现这一设想的是一项被称作“3D打印”的技术。3D打印是快速成型技术的一种，又称增材制造，是一种以数字模型文件为基础，运用粉末状金属或塑料等可黏合材料，通过逐层打印的方式来构造物体的技术。如果说数字孪生是将物理实体进行数字化映射成为数字体的话，那么3D打印就是将计算机中的数字体进行实物化映射变成实体。通过这样一个过程，3D打印做到了“所想即所见”（数字设计）、“所见即所得”（实体创建）。3D打印技术目前广泛应用于消费电子与汽车行业，借助3D打印技术辅助设计和测试，可以大幅缩短新产品研发周期，降低试验成本。Nokia曾借助3D打印技术完成手机外壳和结构件的设计与样件制造，通用汽车、现代、宝马等厂家也纷纷应用3D打印技术来进行对零件和模具的测试，以降低新车研发过程的成本。虽然3D技术在直接零部件制造方面尚无法满足加工速度和经济性要求，短期内难以取代传统的制造模式，但可以满足消费者的部分定制需求，如用户定制的手机外壳、用户参与自己的汽车设计等。

那么3D技术将与数字孪生技术碰撞出怎样的火花呢？近日，英国宇航系统公司（BAE Systems）将数字孪生技术与3D打印技术结合，设计出了英国第六代战斗机“暴风”。该战斗机部署了强大的人工智能网络，使一架飞机就是一个控制中心，而飞行员更像是一位执行官，并且飞机内部还配备了一个虚拟驾驶舱。该公司采用数字孪生技术设计出了飞机的概念外形，并成功在数字世界通过了测试，然后通过3D打印技术按照比例将飞机还原出来，使飞机从虚拟的数字空间回归现实。之后，BAE Systems将飞机带去风洞设施中进行测试，对由计算机计算出来的该飞机空气动力学性能进行物理测试，而这些试验的数据最终会被用于完善和塑造英国下一代战斗机的最终设计。作为数字体的物化结果，3D打印出来的实体物品与其数字体有着天然的血脉关系，打开了数实双生的全新空间。

数字孪生体与《西游记》中的六耳猕猴相似，但是与六耳猕猴又有些许的不同。六耳猕猴只想取代孙悟空，而数字孪生虽然也是现实世界的映射，但是绝无取代现实世界的可能，它只会与现实世界相辅相成，并通过3D打印技术不断将数字世界的虚拟物体变为现实，使现实世界更加多姿多彩。

不管是由实到虚，还是由虚到实，数字世界与物理世界必将紧密相连，难舍难分。

第二节　数据变现——数赚

2008年，中本聪提出了比特币的概念，这被视作是开启了“价值互联网”时代的标志性事件。2013年年底，针对比特币区块链网络的缺陷，程序员维塔利克·布特林发布了初版以太坊白皮书，大意是“加密货币与去中心化应用平台”，并附加了智能合约等功能。2017年，以太坊生态开始发力，由马特·霍尔森与约翰·沃特金森带着设计好的一万个像素头像闯入这个生态中，开发了世界上第一个NFT项目——加密朋克，随着加密朋克的兴起，NFT带来了新的思潮。DApper Labs团队受到这个项目的启发，推出了专门面向构建NFT的ERC-721通证标准，并且基于这个标准推出了一款名为“加密猫”的游戏，一举成为“链游”的鼻祖。在这个游戏最火热的时候，一只加密猫甚至可以卖到上百万美元，每一只加密猫的价值都体现得独一无二，价值不可复制。加密猫的迅速走红，开启了NFT的时代。ERC-721协议大幅降低了将独特资产映射到区块链的成本，同时为NFT的智能合约提供了标准接口，使NFT的流转和所有权的追踪成为可能。作者通过ERC-721协议将自己作品打包成为NFT，而其他用户可以通过一些交易平台进行浏览与购买，通过区块链网络，双方的交易省去了烦琐的中间环节，并能全时间不间断交易，清晰的所有权路径也杜绝了赝品，买卖活跃度与流通性大幅提升。

NFT的出现，让人们在数字空间中建造全新的世界成为可能，NFT驱动的加密世界可以吸引到大量在互联网上贡献内容和生产数据的用户，并以代币经济的方式鼓励他们在这个新世界中进行各式各样的创造，并且赚钱。那么，什么是NFT？ NFT全称是Non-Fungible Token，指非同质化通证，实质是区块链网络里具有唯一性特点的可信数字权益凭证，是一种可在区块链上记录和处理多维、复杂属性的数据对象。接下来，我们需要了解NFT是如何在数字世界中运作的。现在来设想一个场景，假如你用电脑画了一幅数字版的画，取名为*Sally*，首先，需要为这幅画构建一个唯一的ID，来表明这幅画的独特性。之后，铸造一份数字签章标明这幅画是你画的，并把签章写到智能合约里，规定好查看和交易的条款并保证自动执行，然后再将合约发布到区块链上。那么如何把这份独特的价值表示出来呢，这就需要用到代币。代币又分为同质化代币（FT）与非同质化代币（NFT），FT具有同质性，可以进行价值拆分和互换，但是数字资产的价值是整体的，不可拆分，因此需要用NFT来表示其独特价值，每一笔数字资产都有一个唯一的NFT。很多平台都会提供铸造NFT的技术支持，以*Sally*来说，铸造NFT步骤如下：一是准备数字钱包，将数字货币都存储在钱包里，是个人管理自己数字资产的核心工具；二是选择一条铸造NFT的区块链公链，常见的是以太坊公链；三是为*Sally*创建智能合约；最后，当你完成合约信息填写后，就可以进行NFT的创建，这个过程实质上是将制作完成的智能合约发布到区块链上，实现全网见证，其表现形式是生成一个去中心化的应用程序（DApp），其他用户通过DApp才能看到*Sally* NFT的具体内容。通过以上步骤，*Sally*完成了通证化处理，让这个数据资产具备了价值表示的方法，由此就可以将数据资产推入市场进行交易了。最后，我们再强调一点，NFT只是资产权益的证明，并不是资产本身。

由此，信息内容迎来了全新的变现形式——直接变现。用户创建的任何数字内容，都可以通过ERC-721协议生成唯一的权属证明——NFT，进而通过交易NFT获得比特币或以太币等数字现金，从而实现“数赚”。那么企业又怎么在链上实现属于他们的“数赚”呢？必胜客加拿大公司近日就推出一款“像素化比萨”艺术品，并以约0.18美元的价格挂在了NFT交易平台Rarible上，它想表达的理念是“让每个人都买得起比萨”，此NFT作品大获成功，之后必胜客每周都会发布一个新口味比萨的NFT，而现在必胜客像素化比萨NFT已达到9000美元。在奢侈品领域，Gucci也提交了一份有关“数赚”的满意答卷。去年，多人在线创作游戏平台“Roblox”与Gucci合作，推出了“Gucci品牌虚拟展览”，平台的在线玩家可以在Gucci创建的房间内漫步，观看Gucci推出的展品。当玩家进入展览空间时，他将从自己的化身转变为简单的模特，同时模特的外形会根据体验的变化而变化。同时，用户还可以穿过虚拟门户抵达竞技场，参与多个取材自Gucci的游戏比赛，还可以前往Creative Corner，尝试利用不同图案、色彩和形状进行创作，并与其他艺术家一同展出作品。在虚拟活动之前，Gucci推出几款限时购买的商品，用户可以在一小时内进行选购，起初价格是475Robux（Robux是平台交易内使用的货币），但随着转售的进行，单品价格不断上涨，最终超过了实体单品的价格。其中有一款2015年发布的Dionysus手袋，被一位平台用户以35万Robux价格买走，相当于4231欧元，远远超过了线下实体2000欧元的价格。Gucci的虚拟展览使加密货币与现实经济产生了直接联系，将用户的线下体验逐渐转移到了数字虚拟世界，并且用户也乐于为这种虚拟体验买单。

加密经济已经逐渐深入到生活中的方方面面，将我们的娱乐、学习、组织活动、社交以及发明创造的方式与收入和所有权紧密结合起来，之后也将不断发生变化。在未来，还会有哪些数字艺术家、创新大胆的企业，抑或是不知名的用户，在NFT领域内发挥亮眼的表现呢？让我们一起拭目以待吧！

第三节　全新组织——DAO

组织是人们为实现一定的目标，互相协作而组成的集体，人们通过组织来达成协作，实现目标。1602年，荷兰东印度公司的成立，将公司这种组织方式写入了人类社会发展的历史中，人类的协作方式从此由农业社会的分散、低效方式逐渐转变为中心化、高效的现代协作方式。作为人类社会最伟大的成就之一，在过去的几百年中，一直是公司这种组织方式，将人们联合在一起进行协作和创造，支撑起人类改造物质世界的实践活动，而随着互联网、大数据、人工智能等技术的出现和发展，公司这种组织方式也进入顶峰。然而，公司的极致中心化也带来了严重的壁垒，面向未来数字空间的建设和改造，我们需要一种全新的组织方式，来支撑我们在数字空间中进行协作和创造，而区块链技术的出现和发展，为我们带来了一个全新的路径——DAO。

DAO（Decentralized Autonomy Organization），即“去中心化自治组织”，是基于区块链核心思想理念衍生出来的一种组织形态，是在区块链上运行的去中心化组织，它的规则被编码为计算机程序，使其透明，受股东和代币持有者的控制而不受中央机构的影响。DAO的概念是由以太坊创始人Vitalik Buterin在2014年的一盘《DAO、DAC、DA等：不完整的术语指南》中提出的，他对DAO进行了简洁的定义：“一个虚拟实体，他有一些成员和股东，其中67%的人有权花费该实体的资金和修改其代码。”2016年，Sock.it设计了The DAO以太坊合约，并在2016年4月30日正式部署The DAO智能合约，至此，第一个真正具有DAO属性的项目正式出现在人们的视野中。“The DAO”是一个集体投资工具，旨在成为一种理性主义的众筹形式，一种去中心化的风险基金，成员们众筹资金到The DAO，利用代币进行投票表决实现投资决策，首次向世界展示了这种通过代码运行的去中心化组织应该如何自我管理。以收藏领域为例，当我们从收藏者的角度出发，我们会看到很多很多自己喜欢的作品，但我们的经济能力可能并不足以支撑我们去收藏这些艺术品。这时候，我们会想到“众筹”去买，而艺术品DAO正好提供给我们一个比较完善的解决方式，同时解决一些归属和法律问题。PleasrDAO是一个由DeFi大鳄、早期NFT收藏家和数字艺术家组成的团体，他们以慈善的方式购买具有文化意义的作品，从而建立了强大而又慈善的声誉。其以代币的形式分配DAO的所有权，每个成员都通过群聊参与DAO的治理。Pleasr DAO最初成立的目的是购买台湾艺术家pplpleasr的作品，这件作品是pplpleasr为UniSwap V3所设计的预告片NFT——$x*y=k$。最终，Pleasr DAO以310 ETH的价格，成功赢得拍卖。

“去中心化的自治组织”，包含了三层含义，去中心化、自治和组织。去中心化即组织不受中心化权威或机构的控制，而采用分布式的治理方式，由各节点共同控制；自治即自治运行，独立于政府等其他机构之外，由组织自己决定自身的行为；组织，指DAO依然是一个组织，成员为了组织的共同目标而进行协作。对于DAO而言，组织是其形态，去中心化是其结构，而自治是其灵魂。

在组织这个层面，DAO与公司都是一个围绕共同目标进行价值创造的组织。而DAO与传统公司的区别在于内部管理的创新，DAO通过共识和智能合约来维持组织运转，它可以被看作是一种协议组织，通过将协议写入智能合约实现协议的自动执行，一旦达到合约的某个触发条件，就会自动执行相应的条款，实现内部管理。这种方式相比于传统公司显著提升了内部效率。同时，共识的存在更有利于改进生产函数，进一步提升了价值创造的效率。

而在去中心化的层面，正如传统公司不是完全中心化一样，DAO也不是完全去中心化的，即便是由一个相对平等的社区成员发起，这些社区成员也不是完全平等的，总有首次倡议的那个人出现。所以，去中心化是一个进程，DAO这种方式借助区块链和智能合约，能够更好也更坚决地推进去中心化进程，通过链下的社区平等交流汇聚共识，通过链上的智能合约将共识规则化，实现投票和结果执行去中心化。以这样链上链下结合的方式，推动组织向完全去中心化发展。

再到自治的层面，自治的程度选择是所有组织类型的一个权变过程。但DAO与传统公司的不同在于，它没有绝对的领导者和执行者之分，每个人都是领导者，也同时是执行者。同时，其采用完全开放式的报名准入模式。这样的设置方式，大幅度扩展了组织的边界和组织成员的构成，但同时也需要一个必备的条件，那就是信任。DAO与传统公司一样，都需要基于信任来推动自治，而区别在于DAO更好地解决了陌生人间的信任问题。通过区块链和智能合约，人们的信任不再建立在书面合同上，也不依赖于有权解释这些合同的传统司法机关，而是建基于一系列密码学和计算机技术。人们信任DAO的组织者，不是因为他们许下的承诺，而是因为他们的承诺变成了公开的计算机代码，并且这些代码的执行不受人为干预。

从组织到去中心化到自治，DAO所展现出的特性其实同样是现实中公司所努力的方向，只不过DAO基于区块链的技术，为我们展示了一种在数字空间中实现这些特性的方式。而无论是DAO还是公司，都有一个共同的演进方向——共司。

依靠成员共同管理的组织我们称之为共司型组织，其最大的特点在于“不以货币为媒介的交换”，这意味着成员是由共同的兴趣或信仰，而非金钱聚集在一起的。共司型组织在表现上，呈现出“液态化”的特征，它有着液体的表面张力，虽然看起来非常松散，但实质上凝聚在一起，异常团结；它有着液体般的形态，“水无常形”，故而有很强的渗透力；它像液体一样包容，水滴汇聚成江河流入大海。共司型组织没有边界的概念，一般不会把具有共同兴趣或共同信仰的人拒之门外，但是，一旦加入进来，成员就必须遵守既定的仪式和惯例。既然共司型组织的价值交换不以货币为媒介，那么价值交换的触媒就变身成“体验”，组织成员的体验成为触发价值交换最重要的媒介，所以共司型组织会非常在意成员间的共同体验。

然而，问题在于，我们很难同时去追求无边界特征和共同体验，对于组织边界的追求会使得共同体验越来越难以塑造，难以完成深度的价值交换。而区块链技术的发展一定程度上解决了这一难题，其使得个体参与意识和自治能力显著提升，有力地推动了共司型组织的形成。DeveloperDAO就是一个以共同兴趣创造共同体验的组织，其成立于2021年9月，是一群Web3开发人员组成的社区，提供Web3开发教育、社交和协作空间。这里参与社交的大都是开发者，成员进来学习，潜水，通过技术交流提升自己，跟其他开发者一起发现新项目。在这里，并不受限于技术。对没有掌握Web3开发的人，这里提供了很多学习资源，并且可以跟其他开发者交流解决学习的难点。有经验的Web3开发者，可以在对应的技术领域与同行沟通，或者找到同在一个城市的开发者一起聚会，还可以发现自己感兴趣的项目直接参与进去。

在不远的将来，我们将会看到很多公司与DAO相互融合的组织形态。他们或者是DAO化的公司，在现实世界中遵循商业逻辑和规范，或者是公司化的DAO，在数字世界中发挥去中心化和自治力量，两者在虚实两个世界中，共同推动着价值的创造。

让我们一起期待一个DAO的世界！